高等学校"十一五"规划教材

电路分析实验

（第2版）

韦宏利　张荷芳
孙　钊　贺为婷　编

西北工業大學出版社

【内容简介】 本书的编写旨在培养和训练学生的实验能力，其主要内容包括工科电路分析Ⅰ的基本技能实验，工科电路分析Ⅱ的部分技能提高实验以及计算机仿真实验。

本书可作为普通高等学校自动控制、通信、计算机、测控技术与仪器等专业实验课的教材。

图书在版编目（CIP）数据

电路分析实验/韦宏利等编.—2版.—西安：西北工业大学出版社，2008.12(2012.7重印)
ISBN 978-7-5612-1867-9

Ⅰ.电… Ⅱ.韦… Ⅲ.电路分析—实验—高等学校—教材 Ⅳ.TM133-33

中国版本图书馆CIP数据核字(2004)第131768号

出版发行：西北工业大学出版社
通信地址：西安市友谊西路127号 邮编：710072
电　　话：(029)88493844 88491757
网　　址：www.nwpup.com
印 刷 者：陕西向阳印务有限公司
开　　本：787 mm×1 092 mm 1/16
印　　张：9.25
字　　数：215千字
版　　次：2008年12月第2版 2012年7月第3次印刷
定　　价：19.00元

出版说明

西安工业大学于1955年建校，是一所中央与地方共建，以陕西省管理为主的全日制普通高等学校。经过50多年的建设与发展，已经成为一所办学水平较高、办学规模较大、学科门类齐全的多科性普通高等学校。

在我国高等教育事业实现跨越式发展的同时，扩大规模和提高质量已成为高等教育发展的两大主题。而教材作为教学内容、教学方法和知识传播的有形载体和基本工具，能够适时地将学校办学水平、培养目标、质量标准等信息传递给学生。“十五”期间，学校立足自身定位，坚持教材建设研究，统一规划，加强管理，资助出版了多部特色教材，这些教材从体系到内容都充分体现了学校的办学定位和办学特色。

2006年，为了适应社会和学校教育事业的发展，学校对办学指导思想进行了重新确定，进一步明确了办学定位、培养目标及服务方向。“十一五”期间，学校将在更新教育理念、提高办学水平、实现快速发展的思想指导下，坚持科学的教育发展观，围绕培养定位、培养模式、专业建设、课程改革等方面做大量的研究、探索和实践，并通过加强科学研究带动学科建设。为使这些教学研究改革及学科建设、科研成果及时得以固化并更好推广，我们将在系统调研、认真审阅的基础上，对已形成专著的研究内容规划整理成为适合教学的教材，并将工程实践中已获得应用的先进技术和内容提炼后纳入新编教材中，突出专业特色及学科建设成果，把教材建设目标和人才培养目标统一起来，从总体上提高人才培养质量，促进教学工作上台阶，促进培养目标的实现。

我校“十一五”规划出版的各学科系列教材，将全面系统地融入教学改革和科学研究的优秀成果，为各学科和专业发展奠定坚实的基础。我们衷心希望这些教材能对广大读者在夯实基础、强化素质、提高能力方面起到积极作用。

西安工业大学
教学工作委员会教材工作分会
2006年7月

第 2 版前言

本书初版于 2005 年 1 月，这次修订再版，是在原书的基础上进行的。作为电路基础实验独立设课的教材，修订中保留了原书以下一些内容：

第 1 章基本技能实验，共有 11 个实验，主要是工科电路分析Ⅰ的实验内容，包括电流、电压、功率、阻抗、动态响应等的测量；第 2 章技能提高实验，共有 8 个实验，主要是工科电路分析Ⅱ的部分内容及选做的实验内容；第 3 章是计算机仿真实验；最后一部分附录，主要包括电工测量的基本知识及常用电工仪器仪表的介绍和使用方法。

在这次修订中，除了更正错漏，还修改和补充了以下一些内容：

(1)电路基础名词采用中英文对照的形式列出，这样为学生自学或者进行双语教学建立了一个良好的基础。

(2)采用最先进的 Multisim 9.0 计算机仿真工具，对基础技能实验项目的实验，均增加计算机仿真的内容。

参加这次修订工作的有西安工业大学电工电子实习中心贺为婷副教授和孙钊副教授以及电信学院自动化系张荷芳副教授，电信学院 07 级研究生严旭东参与了部分仿真实验的工作。韦宏利对全书进行整理定稿。西安工业大学电子信息与技术学院尚宇副院长和电工电子实习中心主任倪原教授审核并提出了许多修改意见。西安工业大学电工电子教研室和电工电子实习中心的各位老师对此书也提出了许多建议和意见，教务处副处长齐华教授和教材科王春景科长对教材的修订出版也很关心，在此一并表示深切的谢意。

由于编者水平有限，虽对书稿进行多次修改，书中不妥和疏漏之处在所难免，热忱欢迎使用本书的广大教师和学生批评指正。

编　者

2008 年 5 月

第 1 版前言

电路分析是实践性很强的专业基础课，实验占有重要地位。培养实验能力和实际操作技能是高等工业学校教育的重要内容之一。通过实验，学生能验证、消化和巩固所学理论知识，提高动手能力，并培养严谨的科学作风。根据教学大纲要求和西安工业学院电工电子实验中心的具体情况，为加强实验教学，掌握先进的科学实验技术，经过学习与调研，我们撰写了这本新的电路分析实验教材。本书充实了部分实验内容，引入了计算机虚拟实验（PSPICE 的应用）。

本书分为三章。第一章是基本技能实验，共有 11 个实验，主要是工科电路分析Ⅰ的实验内容，包括电流、电压、功率、阻抗、动态响应等的测量。学生通过这一部分的学习，可以掌握基本的测量方法，具备初步的实验技能，能够正确选用仪器、仪表，制定合理的实验方案，对实验中各种现象进行观察和判断，正确处理实验数据，编写实验报告等。

第二章是技能提高实验，共有 8 个实验，主要是工科电路分析Ⅱ的部分内容及选做的实验内容。

第三章是计算机仿真实验，主要介绍了 PSPICE 及其在电路分析中的仿真实验。主要有直流稳态、正弦交流稳态、RC 充放电电路、二阶电路及电路谐振等的仿真。

最后一部分是附录，主要包括电工测量的基本知识及常用电工仪器仪表的介绍和使用方法。

本书第一、二章和附录部分由韦宏利编写，第三章由张荷芳编写。西安工业学院电信学院齐华院长和电工电子教研室主任郑长风审核本书并提出修改意见，张荷芳对全书进行整理定稿。西安工业学院电工电子教研室和电工电子实习中心各位老师对本书也提出了许多宝贵的意见，在此表示感谢。

由于作者水平有限，书中不当之处企盼使用本书的广大教师和学生批评指正。

编　者

2004 年 3 月

目 录

绪　论

一、实验课的作用

实验对于人们认识世界和改造世界都具有十分重要的意义。实验是大学本科教学中一个重要的实践性教学环节，是理论联系实际的重要手段。通过实验教学，学生可以验证和巩固所学的理论知识，提高实验技能，培养实际工作能力。对于电路基础实验课，应通过实验达到以下目的：

(1) 培养学生实事求是、一丝不苟、"三严"(严格、严密、严肃) 的科学态度，养成良好的电工实验习惯和作风。

(2) 训练学生基本的实验技能，如正确使用常见的电工仪器、仪表和电子仪器，掌握一些基本的电工测试技术、实验方法及数据分析处理的方法。

(3) 培养学生通过实验来观察和研究基本电磁现象及规律的能力，以巩固和扩展所学到的理论知识。

二、实验目的

(1) 通过实验巩固并加深电路课程的基本理论，培养学生运用基本理论分析、处理实际问题的能力。

(2) 通过实验训练，学生应具备以下几方面的基本技能：

1) 学会正确使用常用电工仪表、电子仪器及其他常用电器等设备。

2) 了解常用电工仪器的结构、工作原理及电工测量的基本知识。

3) 能阅读简单的电气设备原理电路图。

4) 能独立地按照要求正确连接线路，掌握简单的交、直流电路一般性故障的检查与排除的方法。

5) 能准确地读取数据，测绘曲线和波形，分析实验结果，编写清晰的实验报告。

6) 掌握一般的安全用电常识，遵守操作规则。

(3) 通过实验培养实事求是、严肃认真的工作习惯，养成严谨的科学工作作风。

三、实验课的要求

1. 实验课的准备工作

学生在每次实验课前，必须认真预习并完成预习报告。具体要求是：

(1) 阅读实验指导书,明确实验的目的和要求,并要求结合实验原理复习有关理论知识,了解实验的方法和步骤,准备实验数据的记录表格,认真思考并解答预习思考题。

(2) 理解并记住指导书中提出的注意事项,对实验中所用仪器设备的作用及使用方法要有初步的了解。

2. 实验过程中的工作

(1) 实验前,要先检查本次实验所需用的仪表及实验设备是否齐全,了解各种仪表及设备的额定值、使用方法等,同时将所用仪表及设备的型号、规格及编号记录下来,以便在分析实验结果时,了解在实验中所得数据的准确性和可靠性。

(2) 实验所用仪表及设备,在连接时应根据线路清晰、调节顺手和读数观察方便的原则合理布局。

(3) 连线可按先串联后并联的原则,先接无源部分,再接电源部分,两者之间必须经过开关。接线时应将所有电源开关断开,并将可调设备的旋钮、手柄置于最安全的位置。接好线后,经检查无误,教师复查后才能接通电源。合电源时,要告诉实验小组其他同学集中注意力,要注意各仪表的偏转是否正常。

(4) 实验中要大胆心细,一丝不苟,认真观察现象,仔细读取数据,随时分析研究实验结果的合理性。如发现异常现象,应及时查找原因。

(5) 实验完毕,先切断电源,再根据实验要求核对实验数据,然后请教师审核,经认可后再拆线,并将仪器设备摆放整齐。

(6) 注意仪器设备及人身的安全。

3. 实验课后的整理工作

实验课后的整理工作主要是撰写实验报告。这是对实验的总结,应认真完成。报告内容应包括:

(1) 实验目的。

(2) 实验方法及步骤:主要是画出线路图,对特殊的实验方法加以说明。至于一般的方法、步骤和原理,可以简单叙述,不要求照抄实验指导书。

(3) 数据处理:包括实验数据及计算结果的整理、分析和误差原因的估计等。在做实验报告时,必须实事求是,不得任意更改或杜撰实验数据。

(4) 实验使用的主要仪器及实验设备。

此外,实验报告中还应包括实验中发现的问题、现象及事故的分析,实验的收获及心得体会,并回答思考题。

四、实验守则

(1) 实验课前要认真预习实验指导书及相关的理论知识,做好必要的准备工作,如画数据记录表格等。

(2) 进入实验室,要保持室内整洁和安静。按照实验要求认真检查并熟悉仪器设备,未经许可,不得擅自挪换仪器设备。

(3) 接完线路,应先自行检查,再请教师复查后才能接通电源。改接线路,必须先切断电源。

(4) 观察实验现象，记录测试数据，都要认真仔细，实事求是。实验完毕，实验数据经教师审阅认可后，方能拆去接线。

(5) 注意人身和设备的安全，发生事故或出现异常现象时，应立即切断电源，保持现场并报告教师处理。

(6) 要爱护仪器设备，实验操作要谨慎。凡损坏仪器设备者，应填写损失单。对于不听从教师指导和违反操作规程而损坏实验仪器设备者，除写出书面检讨外，还要按规定赔偿。

第1章　基本技能实验

1.1　电阻元件伏安特性的测试

一、实验目的

(1) 学习测量电阻元件伏安特性及电源外特性的方法。

(2) 掌握应用伏安特性判断电阻元件类型的方法。

(3) 学习常用直流电工仪表与稳压电源等设备的使用，掌握电压、电流的测量方法。

二、实验原理与说明

伏安特性(Voltage-Current Characteristic) 又称外特性，是被测元件两端电压与电流之间的关系。独立电源和电阻元件的伏安特性可用电压表和电流表测量。

1. 电阻元件伏安特性的测量

二端电阻元件的伏安特性是指元件的端电压与通过该元件的电流之间的函数关系。通过一定的测量电路，用电压表、电流表可测定电阻元件的伏安特性，由测得的伏安特性可判定电阻元件的类型。通过测量得到元件伏安特性的方法称为伏安测量法，简称伏安法。

线性电阻元件的伏安特性满足欧姆定律。在关联参考方向下，可表示为$U = RI$，其中R为常量，称为电阻的阻值。其伏安特性是一条过坐标原点的直线，具有双向性，如图 1.1.1(a) 所示。

非线性电阻的阻值R不是一个常量，其伏安特性是一条过坐标原点的曲线。非线性电阻的种类很多，在此给出几个实验中可能遇到的非线性电阻的伏安特性曲线，图 1.1.1(b)，(c)，(d)，(e) 分别表示钨丝灯泡、普通二极管、稳压二极管和恒流管的伏安特性曲线。

2. 独立电源外特性的测量

(1) 理想电压源输出固定幅值的电压，输出电流的大小由外电路决定。因此，它的外特性是平行于电流轴的直线，如图 1.1.2(a) 中实线所示。实际电压源的外特性，如图 1.1.2(a) 中虚线所示，在线性工作区它可以用一个理想电压源U_s和内电阻R_s相串联的电路模型来代替，如图 1.1.2(b) 所示。图 1.1.2(a) 中的角θ越大，说明实际电压源内阻R_s值越大。实际电压源的电压U和电流I的关系式为$U = U_s - R_s I$。

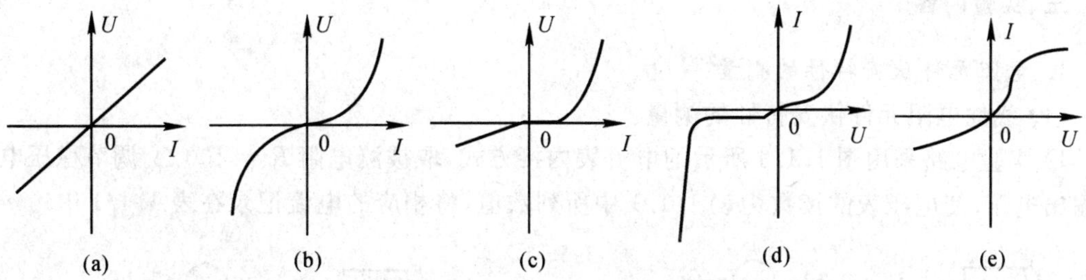

图 1.1.1 电阻伏安特性曲线

(a) 线性电阻伏安特性曲线；(b) 钨丝灯泡伏安特性曲线；(c) 普通二极管伏安特性曲线；(d) 稳压二极管伏安特性曲线；(e) 恒流管伏安特性曲线

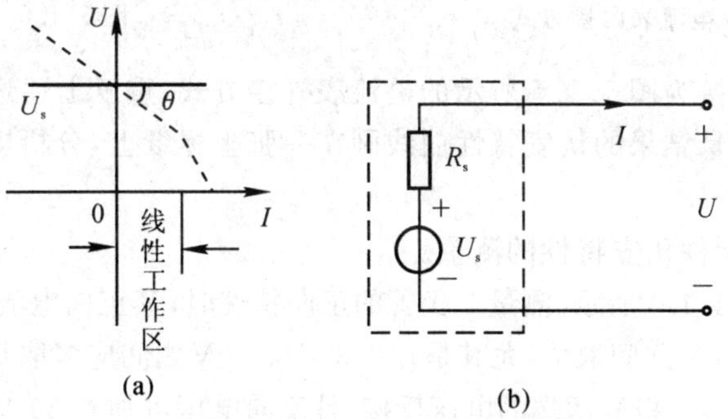

图 1.1.2 电压源外特性

(2) 理想直流电流源输出固定幅值的电流，其端电压由外电路决定，因此它的外特性是平行于电压轴的直线，如图 1.1.3(a) 中实线所示。实际电流源的外特性，如图 1.1.3(a) 中虚线所示，在线性工作区它可以用一个理想电流源 I_s 和内电导 $G_s(G_s = 1/R_s)$ 相并联的电路模型来表示，如图 1.1.3(b) 所示。图 1.1.3(a) 中的角 θ 越大，说明实际电流源内电导 G_s 值越大。实际电流源的电流 I 和电压 U 的关系为 $I = I_s - G_sU$。

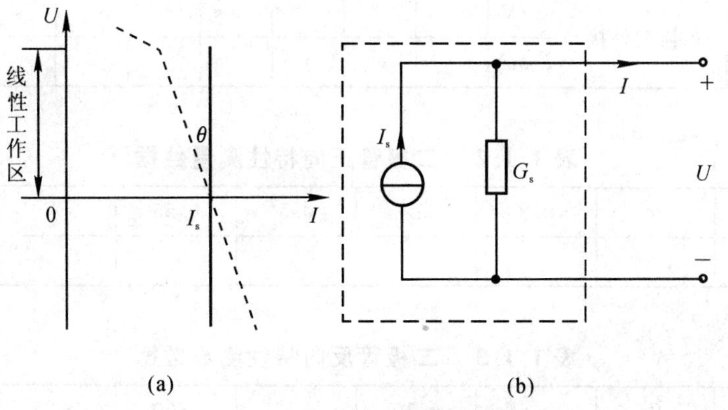

图 1.1.3 电流源外特性

三、实验内容

1. 电阻元件伏安特性的测量

(1) 线性电阻元件伏安特性的测量。

1) 实验电路采用图 1.1.4 所示的电流表内接方式，取被测电阻 $R = 100\ \Omega$。调节稳压电源的输出电压，使电压表的读数为表 1.1.1 中所列数值，将相应的电流记录在表 1.1.1 中。

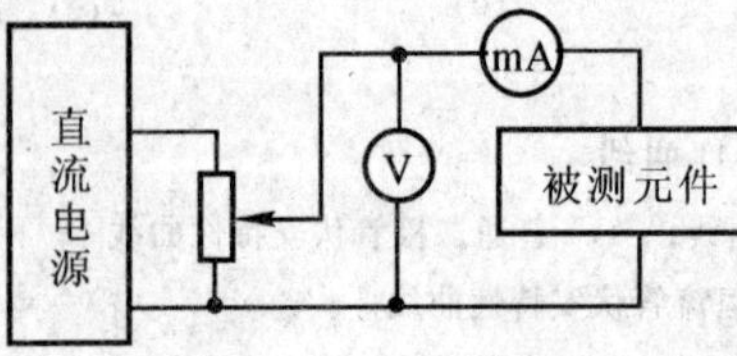

图 1.1.4　电流表内接方式

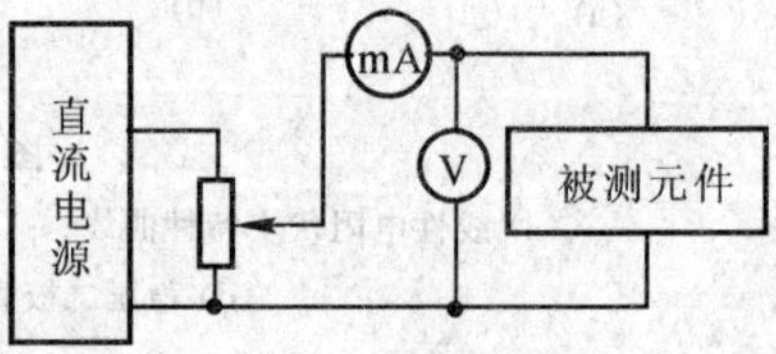

图 1.1.5　电流表外接方式

2) 将实验电路改接为图 1.1.5 所示的电流表外接方式，重复上述过程。

3) 将上述两种测量结果的伏安特性曲线画在一张坐标纸上，分析电压表和电流表的内阻对测量结果的影响。

(2) 非线性电阻元件伏安特性的测量。

1) 实验电路如图 1.1.4 所示。测量二极管的正向特性时，其正向电流不得超过 25 mA，二极管的压降可在 0～0.75 V之间取值，尤其是在 0.5～0.75 V之间应多取几个测量点。做反向特性实验时，需将图 1.1.4 中二极管两端的电压反接，且反向电压可加到 30 V。将正向特性测量数据记入表 1.1.2 中，将反向特性测量数据记入表 1.1.3 中，并用坐标纸画出伏安特性曲线。

2) 将上述电路中的二极管换成稳压二极管，重复以上实验内容。

表 1.1.1　电阻元件的伏安特性测量数据

被测元件	测量值										
线性电阻	电流表内接	U/V	0	1	2	3	4	5	6	7	8
		I/mA									
	电流表外接	U/V									
		I/mA									

表 1.1.2　二极管正向特性测量数据

U/V	0	0.2	0.4	0.5	0.55	…	0.75
I/mA							

表 1.1.3　二极管反向特性测量数据

U/V	0	−5	−10	−15	−20	−25	−30
I/mA							

2. 独立电源外特性的测量

(1) 测量电压源 U_s 和电阻 R 串联的电路模型的外特性，实验电路如图 1.1.6 所示，图中 $U_s = 12$ V。调节电阻 R_L，使电压表的读数为表 1.1.2 中所列数值，将相应的电流记入表 1.1.2 中；再用坐标纸画出外特性曲线。

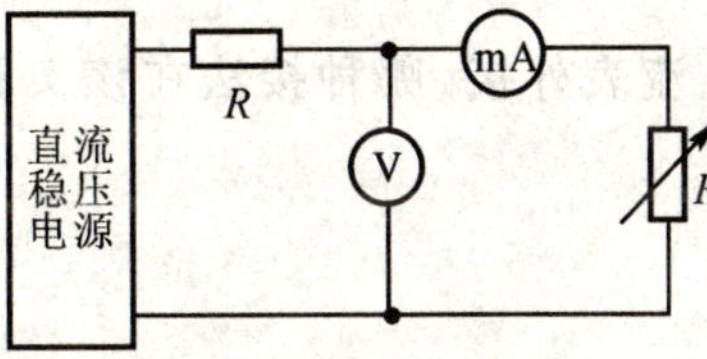

图 1.1.6　电压源外特性

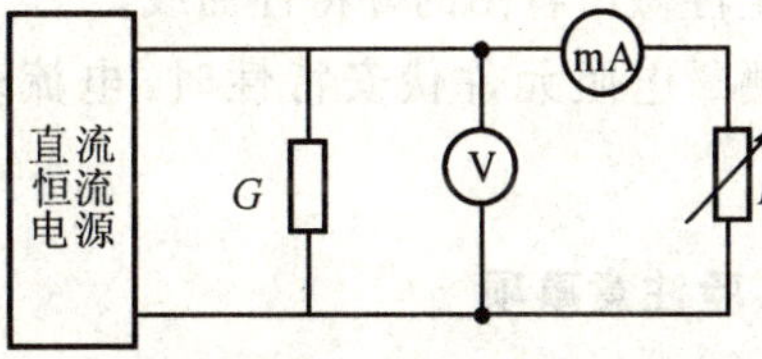

图 1.1.7　电流源外特性

(2) 测量电流源 I_s 和电导 G(取 $1/R$) 并联的电路模型的外特性，实验电路如图 1.1.7 所示，图中 $I_s = 30$ mA。调节电阻 R_L，测量电流和电压值，记入表 1.1.4 中；再用坐标纸画出外特性曲线。

表 1.1.4　独立电源的外特性曲线

$R_s = 200\ \Omega$	R_L/Ω							
电压源	U/V							
	I/mA							
电流源	U/V							
	I/mA							

四、仿真实验

(1) 在 Multisim 9.0 平台上建立如图 1.1.8 所示的电路(注意：在所有的虚拟实验中都要求把所选择的参考低电位接地)，然后激活电路，即打开仿真开关。

(2) 按照“实验内容”1－(1)－1) 中的要求，用鼠标双击电源，打开电源的属性编辑窗口，使电源电压依次取为 0 V，1 V，2 V，3 V，4 V，5 V，6 V，7 V 和 8 V，记录每次电压表和电流表的显示数。

(3) 按照“实验内容”的要求依次完成仿真实验。

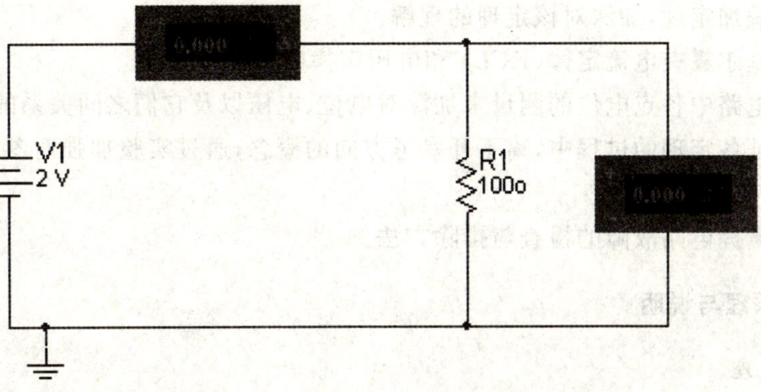

图 1.1.8　仿真实验电路

五、预习与思考

(1) 实验前弄清本次实验的目的和具体内容。

(2) 画出各实验内容的具体电路图。

(3) 定性做出各图的外特性曲线。

(4) 测量电阻元件伏安特性时，电流表内接和电流表外接，哪种接法在该实验中比较准确？

六、实验注意事项

(1) 实验过程中，注意电压源不能短路，电流源不能开路。

(2) 注意电压表和电流表的量程。

(3) 每次启动电源时，应将电源输出电压调节到零。

七、实验报告的要求

(1) 简述实验目的、原理，整理实验数据，画出实验电路图。

(2) 根据测量数据，用坐标纸分别绘制出电压源、电流源外特性及各电阻元件的伏安特性曲线。

(3) 根据伏安特性曲线，判断各元件的性质，由线性电阻的特性曲线求出其电阻值。

(4) 回答思考题。

八、实验仪器

(1) 直流实验板或电路理论综合实验台挂箱。

(2) 200 Ω 滑线变阻器，直流电阻箱。

(3) 直流电压表或万用表、直流电流表。

(4) 直流电源。

1.2　叠加定理、基尔霍夫定律和电位的研究

一、实验目的

(1) 验证叠加定理，加深对该定理的理解。

(2) 验证基尔霍夫电流定律(KCL) 和电压定律(KVL)。

(3) 通过电路中各点电位的测量来加深对电位、电压以及它们之间关系的理解。

(4) 在验证各定理的过程中，离不开参考方向的概念，通过实验加强对参考方向的掌握和运用能力。

(5) 熟练掌握电路故障的检查与排除方法。

二、实验原理与说明

1. 叠加定理

叠加定理(Superposition Theorem) 说明，对于一个具有唯一解的线性电路，由几个独立

电源共同作用所形成的各支路电流或电压，是各个独立电源分别单独作用时在相应支路上形成的电流或电压的代数和。在各独立电源分别作用时，不作用的电压源要用“短路”来代替，不作用的电流源要用“开路”来代替，而电源的内阻和内电导必须保留在原电路中。

2. 基尔霍夫电流定律

基尔霍夫电流定律(Kirchhoff's Current Law, KCL)指出，集总电路中，在任何时刻，每一节点上的所有支路电流的代数和恒等于零，即$\sum I=0$。此时，若取流出节点的电流为正，则流入节点的电流为负。它反映了电流的连续性，说明了节点上各支路电流的约束关系，它与电路中元件的性质无关。

3. 基尔霍夫电压定律

基尔霍夫电压定律(Kirchhoff's Voltage Law, KVL)指出，集总电路中，在任何时刻，沿任一闭合回路所有支路电压的代数和恒等于零，即$\sum U=0$。它说明了电路中各段电压的约束关系，它与电路中元件的性质无关。

4. 电位

在电路中任意设定一参考点(Reference Point)，令参考点的电位为零，某一点的电位就是这一点与参考点间的电压。参考点选定以后，各点的电压具有唯一确定的值，这样就能比较电路中各点电位的高低。参考点不同，各点的电位也就不同。

电路中任意两点间的电压等于该两点间的电位差(Potential Difference)，电压与参考点的选择无关。

5. 故障分析与检查排除

(1) 实验中常见故障。

1) 连线：连线错误、接触不良、断路或短路；

2) 元件：元件选错，或者元件数值错误，包括电源输出值错误；

3) 参考点：电源、实验电路、测试仪器之间公共参考点连接错误等。

(2) 故障检查。故障检查的方法很多，一般是根据故障类型，确定部位、缩小范围，在小范围内逐点检查，最后找出故障点并给予排除。简单实用的方法是用万用表(或电压表)，在通电或断电状态下检查电路故障。

1) 通电检查法：用万用表的电压挡(或电压表)，在接通电源的情况下，根据实验原理，电路某两点应该有电压，万用表测不出电压；某两点不应该有电压，而万用表测出了电压；所测电压值与电路原理不符，则故障在此两点间。

2) 断电检查法：用万用表的电阻挡(或欧姆挡)，在断电的情况下，根据实验原理，电路某两点应该导通无电阻(或电阻很小)，万用表测出开路(或电阻极大)；某两点应该开路(或电阻很大)，但测量的结果为短路(或电阻极小)，则故障即在此两点间。

三、实验内容

1. 验证叠加定理

(1) 实验电路如图1.2.1所示，按图连线，图中K_1，K_2，K_3为电流插座，$E_1=10$ V，$I_1=15$ mA，$E_2=5$ V，$R_1=R_2=51\ \Omega$，$R_3=36\ \Omega$，$R_4=R_5=20\ \Omega$。使用电键S_1，S_2分别控制$E_1(I_1)$和E_2是否在电路中作用，自行规定参考方向，用电压表测量表1.2.1中各电压值；用电

流表连接电流插头，分别插入电流插座 K_1，K_2，K_3，测量表 1.2.1 中各电流值，验证叠加定理的正确性。

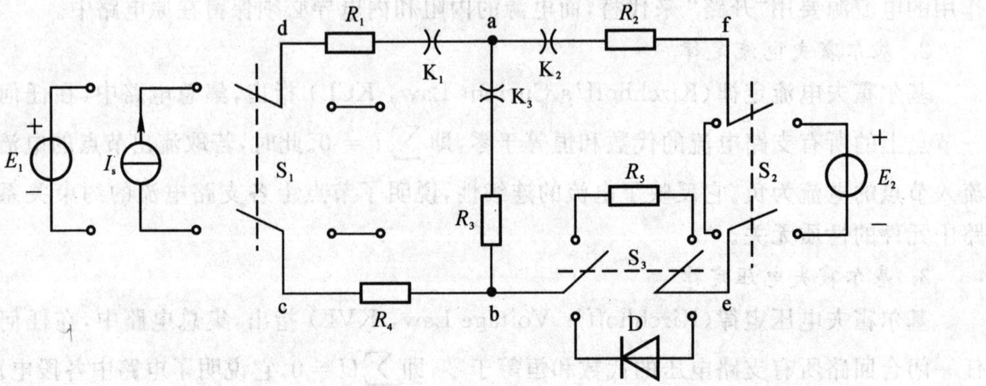

图 1.2.1　叠加定理电路图

(2) 将图 1.2.1 所示电路中的 R_5 换为二极管 D，其余同(1)，验证非线性电路不满足叠加定理，表格自拟。

表 1.2.1　验证叠加定理数据

U_s 与 I_s 共同作用	$U_{R1}=$	$U_{R2}=$	$I_{R1}=$	$I_{R2}=$
U_s 单独作用	$U_{R1}'=$	$U_{R2}'=$	$I_{R1}'=$	$I_{R2}'=$
I_s 单独作用	$U_{R1}''=$	$U_{R2}''=$	$I_{R1}''=$	$I_{R2}''=$
叠加结果				

2. 基尔霍夫定律与电位

(1) 实验仍为图 1.2.1 所示电路及参数。测出电流 I_{R1}，I_{R2}，I_{R3} 值，记入表 1.2.2 中，依次测出回路 1(绕行方向：abcda) 和回路 2(绕行方向：abefa) 中各支路电压值，记入表 1.2.3 中。

表 1.2.2　验证 KCL 数据

I_{R1}/mA	I_{R2}/mA	I_{R3}/mA	$\sum I$/mA

表 1.2.3　验证 KVL 数据

回路 1(abcda)	U_{da}/V	U_{ab}/V	U_{bc}/V	U_{dc}/V	$\sum U$/V
回路 2(abefa)	U_{ab}/V	U_{be}/V	U_{af}/V	U_{fe}/V	$\sum U$/V

(2) 用测得的各电流和电压值分别验证 KCL 和 KVL。

(3) 分别以 c，e 为参考点，测量图 1.2.1 中各节点电位，将测量结果记入表 1.2.4 中，通过计算验证电路中任意两节点间的电压与参考点的选择无关。

表 1.2.4　不同参考点电位与电压

	测试值 /V						计算值 /V						
	V_a	V_b	V_c	V_d	V_e	V_f	U_{ab}	U_{bc}	U_{cd}	U_{da}	U_{fe}	U_{af}	U_{be}
c 节点													
e 节点													

四、仿真实验

1. 基尔霍夫定律

(1) 在 Multisim 9.0 平台上建立如图 1.2.2 所示的电路。在菜单项中选择 Circuit 项，在其下拉菜单中选择 Schematic Options 项，选中其对话框中 Show/Hide 项中的 Show Nodes，然后按“确定”按钮，就会显示出所有节点。在 EWB 菜单项中选择 Analysis 项，在其下拉菜单中选择 DC Operating Point 项，屏幕中就会显示所有节点的电势，再计算出各元器件上的参数值。

(2) 激活电路，图中的电流表就会显示各支路电流的大小。如果在元器件两端并联一个电压表，就可测出该元器件上电压的大小。

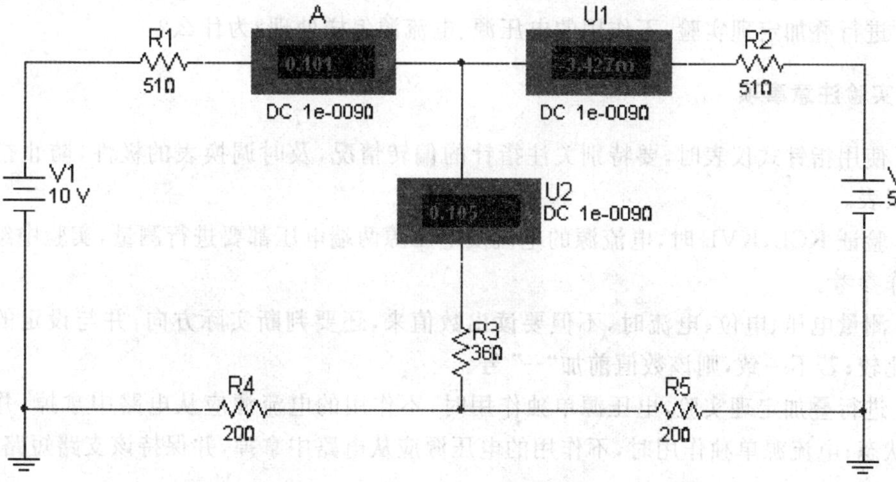

图 1.2.2　基尔霍夫仿真电路

2. 叠加定理

(1) 在 Multisim 9.0 平台上建立如图 1.2.3 所示的电路，J1 键、J2 键分别控制两个开关。

(2) 按照实验内容 1(验证叠加定理) 的步骤完成仿真实验。

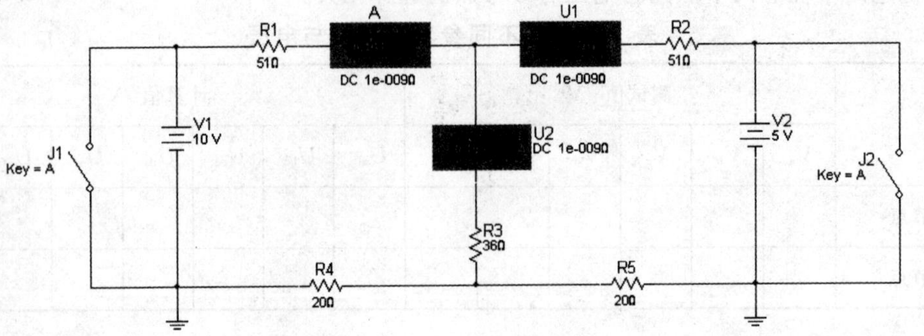

图 1.2.3　叠加原理仿真电路

五、预习与思考

(1) 复习与本实验有关的定理、定律等;简述实验目的、实验原理;认真预习实验内容,画出实验线路图、表格等。

(2) 测量电压、电流时,如何判断数据前的正负号?符号的意义是什么?

(3) 当电位出现负值时,其意义是什么?

(4) 电路中需要正、负 15 V 电源供电,现有两台 0 ～ 30 V 可调稳压电源,怎样连接才能实现其要求?试画出电路图来。

(5) 进行叠加定理实验,不作用的电压源、电流源怎样处理?为什么?

六、实验注意事项

(1) 使用指针式仪表时,要特别关注指针的偏转情况,及时调换表的极性,防止指针打弯或损坏仪表。

(2) 验证 KCL,KVL 时,电流源的电流及电压源两端电压都要进行测量,实验中给定的已知量仅作参考。

(3) 测量电压、电位、电流时,不但要读出数值来,还要判断实际方向,并与设定的参考方向进行比较;若不一致,则该数值前加"—"号。

(4) 进行叠加定理实验,电压源单独作用时,不作用的电流源应从电路中拿掉,并保持支路开路状态;电流源单独作用时,不作用的电压源应从电路中拿掉,并保持该支路短路状态。

七、实验报告要求

(1) 用表 1.2.1 中的数据验证叠加定理。

(2) 根据实验中给出的参数,计算 U_{R1},U_{R1}',U_{R1}'',并与实际值比较,分析产生误差的原因。

(3) 用表 1.2.2、表 1.2.3 的数据验证 KCL,KVL。

(4) 计算表 1.2.4 中所列各值,与表 1.2.3 中的对应值进行比较,总结出有关参考点与各电压间的关系。

(5) 分析故障,总结查找故障的体会。

八、实验仪器

(1) 实验用电阻元件或电路实验台相关挂箱；

(2) 直流电压源、直流电流源；

(3) 直流电压表、直流电流表；

(4) 电流插头、插座。

1.3 戴维南定理、诺顿定理、电源等效变换、最大功率传输定理

一、实验目的

(1) 掌握线性有源二端网络等效电路参数的测量方法，加深对戴维南定理和诺顿定理的理解。

(2) 了解戴维南定理、诺顿定理和电源的等效变换。

(3) 验证最大功率传输定理，掌握直流电路中功率匹配条件。

二、实验原理与说明

1. 戴维南定理与诺顿定理

戴维南定理(Thevenin's Theorem) 指出，任何一个线性有源二端网络(Liner Active Two-Terminal Network)，其对外作用可以用一个电压源串联电阻的等效电源代替，如图 1.3.1(a) 所示。其等效电压等于此有源二端网络的开路电压(Open Circuit Voltage)U_{oc}，其等效内阻是二端网络内部各独立电源置零后所对应的不含独立电源的二端网络的等效电阻(Equivalent Resistance)R_i。

诺顿定理(Norton's Theorem) 是戴维南定理的对偶形式。它指出，任何一个线性有源二端网络，其对外作用可以用一个电流源并联电导的等效电源代替，如图 1.3.1(b) 所示。其等效电流等于此二端网络的短路电流，其等效内导是二端网络内部各独立电源置零后所对应的不含独立电源的二端网络的等效电导 G_i。

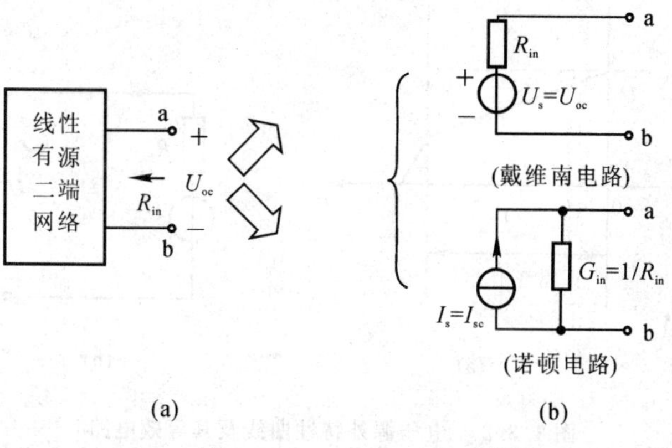

图 1.3.1　戴维南、诺顿等效电路

戴维南定理和诺顿定理的等效电路是对其外部而言的。也就是说，不管外部电路或负载是线性的还是非线性的，负载元件是定常的还是时变的，只要被变换的有源二端网络是线性的，与外部电路之间不存在任何耦合（无论是通过磁的耦合还是受控源的耦合），上述等效电路都是正确的。

2. 线性有源二端网络等效电阻的测量

对于已知的线性有源二端网络，其网络的入端等效电阻 R_i 可以从计算得出或通过实验测出。

(1) 开路短路法。由戴维南定理和诺顿定理可知

$$R_i = U_{oc}/I_{sc}$$

只要直接测出线性有源二端网络的开路电压 U_{oc} 和短路电流 I_{sc}，R_i 即可得出。注意，这种方法对于不允许将外接电路直接短路的网络不能采用。

(2) 如果需要测量的有源二端网络输出电压较高，但内阻却很小，就不宜采用输出端短路的测量方法。此种情况下，首先测出线性有源二端网络的开路电压 U_{oc}，在端口处接上负载电阻 R_L，测出负载电阻的端电压 U 或流过的电流 I，则

$$R_i = (\frac{U_{oc}}{U} - 1)R_L \quad 或 \quad R_i = \frac{U_{oc}}{I} - R_L$$

如果负载电阻采用直流电阻箱，可以调节电阻使 U 的读数为 $U_{oc}/2$，这时 R_L 的值就是要求的入端等效电阻 R_i。

(3) 将有源二端网络内的所有独立电源置零，使其成为无源网络，然后在端口处接入电压源（或电流源），测量端口电压 U 和流入端口的电流 I，则 $R = U/I$。

(4) 将有源二端网络内的所有独立电源置零，然后在端口处用伏安法或者电桥法测得其入端等效电阻 R_i。

3. 电源等效变换

由于实际电源存在一定内电阻 R_{in}，在正常工作区域内，随着输出电流的增加，输出电压大致按线性规律下降。当电流增大超过额定值后，电压可能会急剧下降直至为零，此时电压源工作在非正常区，其特性曲线如图 1.3.2(a) 所示。由图可知，在正常工作区域内，其端口特性方程 $U = U_s - R_{in}I$，可以等效为戴维南电路，如图 1.3.2(b) 所示。

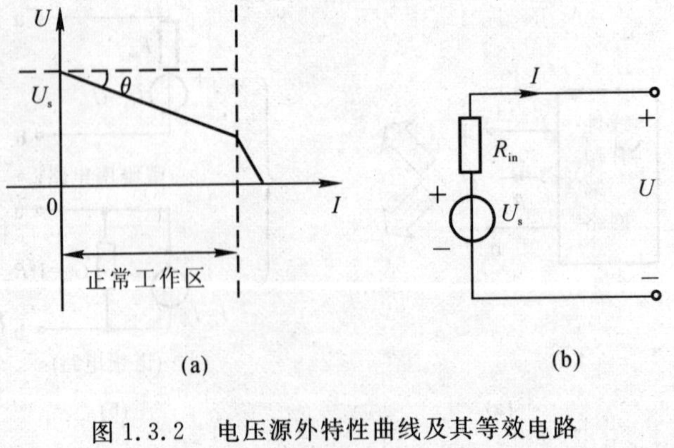

图 1.3.2　电压源外特性曲线及其等效电路

同理，实际电流源存在一定内电导 G_{in}，在正常工作区域内，随着输出电阻的增加，输出电流大致按线性规律下降。当电压增大超过额定值后，电流也可能会急剧下降直至为零，此时电流源工作在非正常区，其特性曲线如图 1.3.3(a) 所示。由图可知，在正常工作区域内，其端口特性方程 $I = I_s - G_{in}U$，可以等效为诺顿定理，如图 1.3.3(b) 所示。

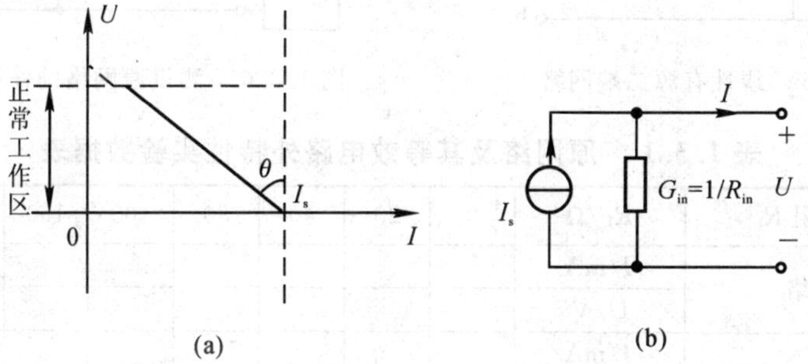

图 1.3.3　电流源外特性曲线及其等效电路

4. *最大功率传输定理*

如前所述，一个实际电源或一个线性有源二端网络，不管它内部具体电路如何，都可以等效为理想电压源 U_s 和一个电阻 R_{in} 的串联支路，如图 1.3.4 所示。负载从给定电源获得功率，即

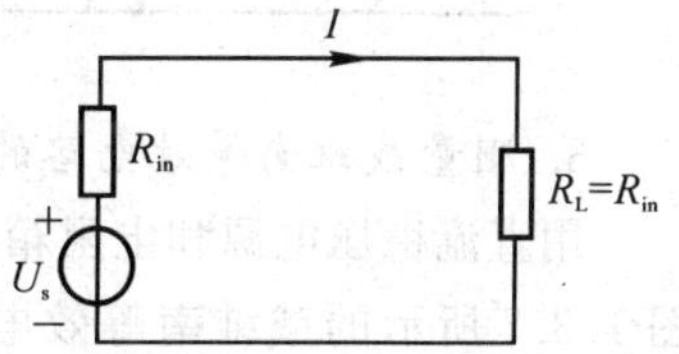

图 1.3.4　负载从给定电源获得功率电路

$$P = I^2 R_L = \frac{U_s^2 R_L}{(R_{in} + R_L)^2}$$

对上式求极值得 $R_L = R_{in}$ 时，P 值最大，此时负载 R_L 获得最大功率，即

$$P_{max} = I^2 R_L = \frac{U_s^2 R_L}{(R_{in} + R_L)^2} = \frac{U_s^2}{4R_{in}}$$

此时电路的效率为

$$\eta = \frac{P_{max}}{P} \times 100\% = \frac{I^2 R_L}{I^2 (R_{in} + R_L)} \times 100\% = 50\%$$

三、实验内容

1. *线性有源二端网络*

实验线路如图 1.3.5 所示，其中 $U_s = 10$ V，$I_s = 20$ mA，$R_1 = 450\ \Omega$，$R_2 = 190\ \Omega$，$R_3 = 100\ \Omega$，R_L 为 0～600 Ω 可调电阻。将支路取出，作为外电路，将其余部分作为有源二端网络。用实验方法测得其戴维南等效电路和诺顿等效电路的参数 U_{oc}，I_{sc} 及 R_i。

(1) 分别用电压表和电流表测出线性有源二端网络的开路电压 U_{oc}，短路电流 I_{sc}。

(2) 用前述介绍的方法之一测出线性有源二端网络的入端等效电阻 R_i。

2. *测量原网络的外特性*

在图 1.3.5 所示网络的 a，b 端接入负载电阻 R_L（滑线变阻器）及电流表和电压表，如图 1.3.6 所示。R_L 的取值见表 1.3.1。在不同的 R_L 数值下，分别测量相应的电压 U 和电流 I，将数据填入表 1.3.1 中。

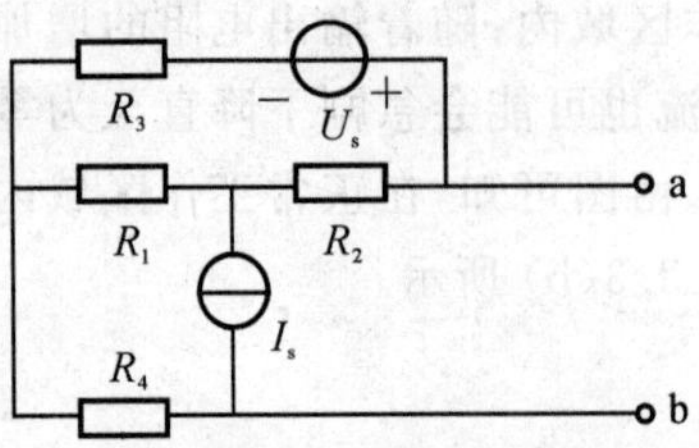

图 1.3.5　线性有源二端网络

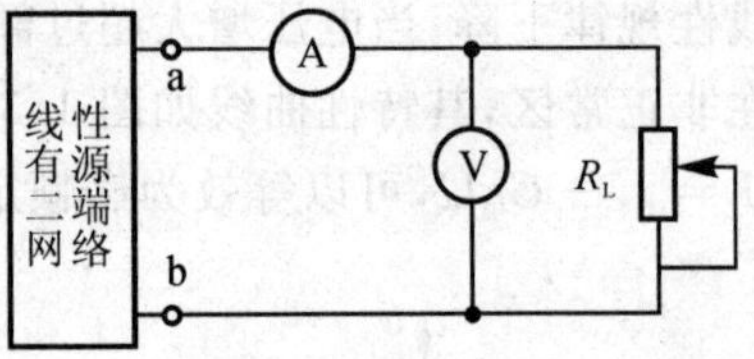

图 1.3.6　测量原网络的外特性电路

表 1.3.1　原网络及其等效电路外特性实验数据表

负载电阻 R_L	R_L/Ω	0	20	40	80	100	160	180	200
原网络	I/mA								
	U/V								
戴维南等效电路	I/mA								
	U/V								
诺顿等效电路	I/mA								
	U/V								

3. 测量戴维南等效电路的外特性

用直流稳压电源和电阻箱串联，按所测得的开路电压 U_{oc} 和入端等效电阻 R_i 取值，构成如图 1.3.7 所示的戴维南等效电路。在等效电路的输出端接上负载电阻 R_L，其电阻值按照表 1.3.1 中的数值选取，分别测量相应的电压 U 和电流 I，将测得的数据填入表 1.3.1 中。诺顿等效电路如图 1.3.8 所示。

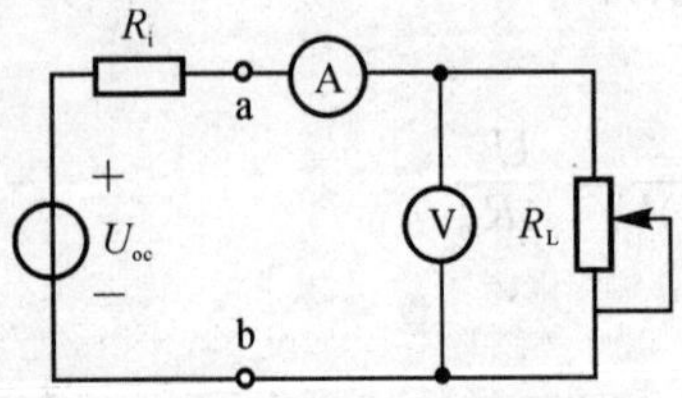

图 1.3.7　戴维南等效电路

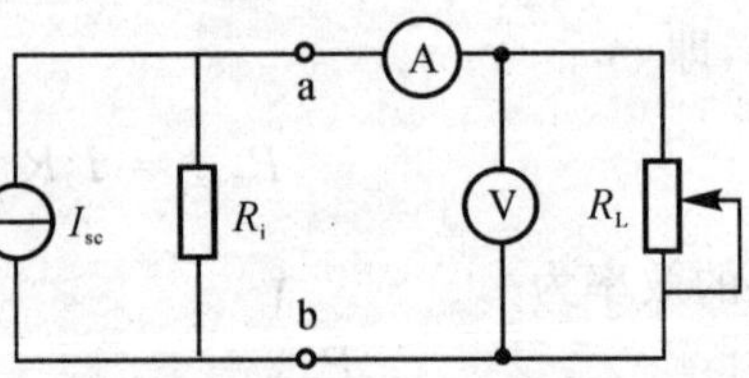

图 1.3.8　诺顿等效电路

4. 验证最大功率传输定理

按图 1.3.7 所示电路接线，其中 $U_{oc} = 10$ V，$R_i = 100\ \Omega$，负载电阻 R_L 使用滑线变阻器。调节负载电阻 R_L，使 $U_L = 0.5U_{oc}$，这时 $R_i = R_L$，将负载电阻 R_L 值记入表 1.3.2 中。改变负载电阻 R_L 的数值，测量并记录所对应的负载电压和电流，分别计算 $P_1 = I^2R_L$ 和 $P_2 = U_LI$，并填入表 1.3.2 中。

表 1.3.2　验证最大功率传输定理的实验数据

R_L/Ω		10	30	50	80	100	150	180	200
测量值	I/mA								
	U_L/V								
计算值	P_1/W								
	P_2/W								

四、仿真实验

(1) 在 Multisim 9.0 平台上建立如图 1.3.9 所示的电路，合上开关可测定短路电流；断开开关并去掉负载电阻可测定开路电压。

(2) 断开开关，改变滑线变阻器接入电路部分的电阻值，每改变一次都记录下此时电路中各仪表的读数。

(3) 按"实验内容"要求逐项完成仿真实验。

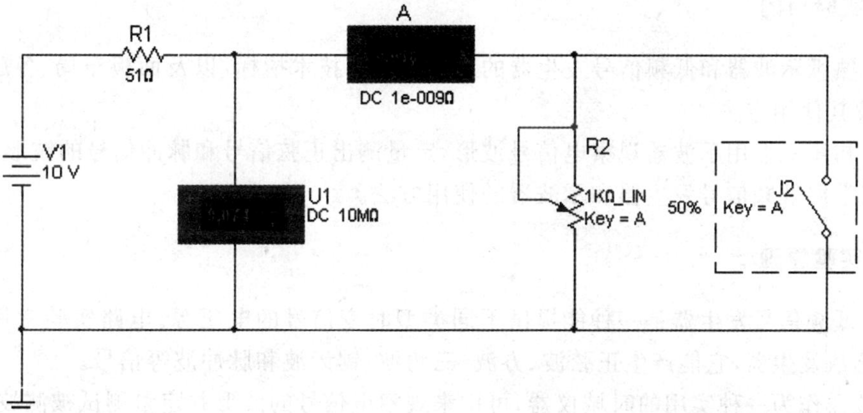

图 1.3.9　戴维南等效电路仿真

五、预习与思考

(1) 若有源二端网络不允许短路或开路，如何用其他方法测出其等效电阻 R_i？

(2) 对图 1.3.5 所示线性有源二端网络，计算出其戴维南等效电路和诺顿等效电路的参数，即开路电压 U_{oc} 和短路电流 I_{sc}。

(3) 如果网络中含有受控源，戴维南定理和诺顿定理是否成立？如果网络中含有非线性元件呢？

(4) 如何理解"网络中所有独立电源置零"？

(5) 掌握直流电路中功率匹配的条件。

五、实验报告要求

(1) 证明戴维南等效电路、诺顿等效电路与原有源网络是等效的，在同一坐标纸上画出测得的外特性曲线，并加以分析比较。

(2) 根据给定的网络参数用计算方法求出 U_{oc}，I_{sc} 和 R_i，并与实测值比较，分析误差原因。

(3) 由戴维南等效电路和诺顿等效电路测出数据，并以此画出曲线，研究电压源和电流源的等效变换。

(4) 计算传输功率最大时电路的效率。

六、实验仪器

(1) 直流稳压电源、直流电流源。

(2) 直流电压表、直流毫安级电流表。

(3) 电阻箱、滑线电阻或实验台挂箱。

1.4　电子示波器和信号发生器的使用

一、实验目的

(1) 熟悉示波器和低频信号发生器的工作原理和技术指标，以及面板布局、各旋钮和开关的作用及其使用方法。

(2) 初步掌握用示波器观察电信号波形，定量测出正弦信号和脉冲信号的波形参数。

(3) 掌握低频信号发生器和示波器的使用方法。

二、实验原理

(1) 低频信号发生器是一种能提供不同类型时变信号的电压源。电路实验常用的信号发生器是函数发生器，它能产生正弦波、方波、三角波、锯齿波和脉冲波等信号。

示波器作为一种实用的时域仪器，可用来观察电信号的波形并定量测试被测波形的参数，如幅度、频率、相位和脉宽等。

(2) 用示波器进行电压测量，就是将被测电信号输入给示波器，通过在荧屏上的波形显示来进行定量或定性的分析。图 1.4.1 是用示波器测量信号发生器输出的测试电路，图中符号 ⊙ 为测试电缆线插头，其外圆是指与仪器外壳相连通的插口底座（与测试线的黑鱼夹连通），中间的小圆指信号发生器的输出端点或示波器的输入端点（与测试线的红鱼夹连通）。接线时，要注意示波器和信号发生器的“共地”连线，即将测试线的两黑鱼夹连在一起。

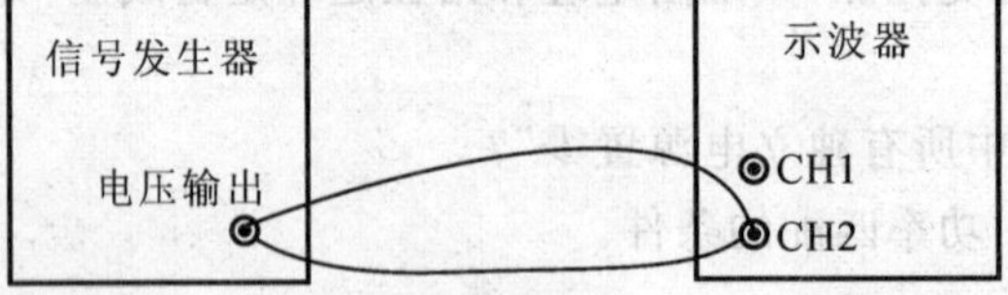

图 1.4.1　用示波器测试信号源输出

用示波器观测电流波形，可采用间接测量法，即测量被测支路已知电阻上的电压，根据电阻与电流同相位的关系，而得到电流波形。若被测支路中无电阻元件，需串接一个取样电阻 R，如图 1.4.2 所示。为减小取样电阻对原电路的影响，通常取 $R \ll |Z|$。

当使用示波器同时观察两个信号时，要注意示波器 CH1 与 CH2 通道的接地端是相连的。信号发生器和示波器的接地端应接到一起，否则可能造成电路局部短路。图 1.4.2 为用示波器同时测试 u 及 i 信号的实验电路。

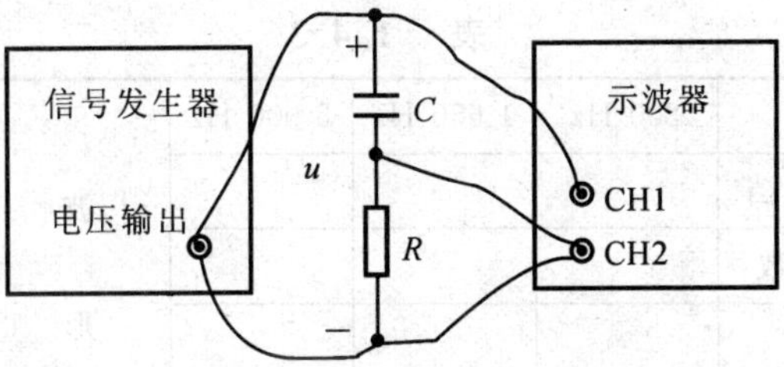

图 1.4.2　用示波器同时测试 u 及 i 信号实验电路

三、实验内容

(1) 熟悉示波器各开关的位置及作用。将示波器两测试线分别短接，适当调节各旋钮，使荧光屏上出现两条水平线。

(2) 示波器的自检。将示波器 CH1 或 CH2 输入端测试线接到示波器"标准信号"输入端。测出该"标准信号"的峰-峰值与周期，并与示波器给出的标准值进行比较，结果记入表 1.4.1。

表　1.4.1

校验挡位 / 校验结果	Y 轴(峰-峰值)		X 轴(每周期个数)	
	0.1 V/div 挡	0.2 V/div 挡	0.5 ms/div 挡	0.2 ms/div 挡
应显示表针格数				
实际显示格数				
校验结论				

(3) 信号发生器输出电压幅值的测量。将信号发生器输出调为 $f = 1$ kHz，波形选正弦波，用示波器和交流电压表分别测量信号发生器输出电压的幅值，记入表 1.4.2 中，并将结果进行比较，选取一组数据画出波形图。

表　1.4.2

测量次数	1	2	3	波形	$U =$
U_{P-P}					
示波器测量峰-峰值					
计算所得有效值					

(4) 用示波器测量信号的频率。将示波器接入信号发生器输出端，信号发生器输出端调为 $U_{P-P} = 4$ V，波形选方波，频率分别为 200 Hz，1 650 Hz，5 000 Hz(由信号发生器频率显示读出)，用示波器测出被测信号的频率，结果记入表 1.4.3 中，选取一组数据画出波形图。

(5) 按图 1.4.3 接线。① 信号发生器输出频率 $f = 1$ kHz，峰-峰值 $U_{P-P} = 4$ V 的正弦波，用示波器同时观察信号源输出电压与电容电压的波形，调节 R 或 C，观察波形的变化。记录 $R = 2$ kΩ，$C = 0.2$ μF时观察到的波形，并测出它们的相位差。② 固定 R，C 的值，改变信号发生器的频率，观察电容电压的波形变化，并自拟表格作记录。

表 1.4.3

<table>
<tr><td colspan="2">信号发生器输出频率</td><td>200 Hz</td><td>1 650 Hz</td><td>5 000 Hz</td><td rowspan="5">波
形</td><td rowspan="5">$f=$</td></tr>
<tr><td rowspan="3">示
波
器
测
量</td><td>示波器“TIME/div” 挡</td><td></td><td></td><td></td></tr>
<tr><td>一个周期占有的格数</td><td></td><td></td><td></td></tr>
<tr><td>信号周期</td><td></td><td></td><td></td></tr>
<tr><td colspan="2">计算所得频率</td><td></td><td></td><td></td></tr>
</table>

(6) 按图 1.4.4 接线，信号发生器输出频率 $f = 1$ kHz，峰-峰值 $U_{P-P} = 4$ V 的正弦波，调节 R 及 L 的值，观察并记录 u 与 i 的波形。

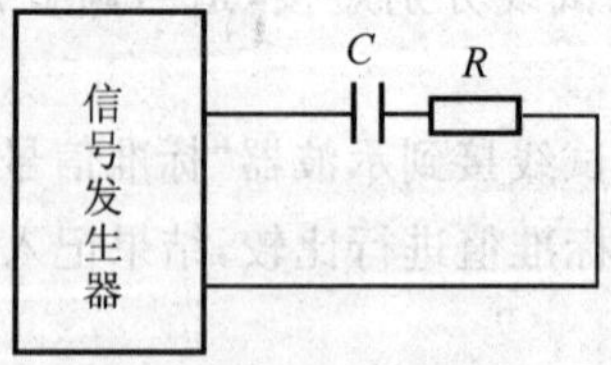

图 1.4.3 RC 电路

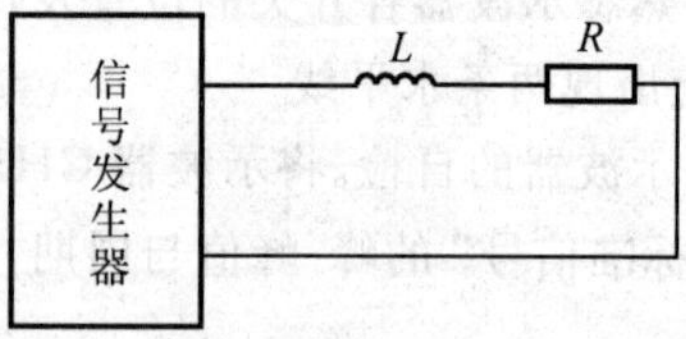

图 1.4.4 RL 电路

四、仿真实验

(1) 在 Multisim 9.0 平台上建立如图 1.4.5 所示电路，分别双击信号发生器、示波器图标，显示出信号发生器、示波器虚拟面板图，如图 1.4.6 和图 1.4.7 所示。

(2) 调节信号发生器参数，使信号发生器的输出信号符合实验要求。

(3) 双击示波器仿真面板图，示波器显示屏扩展，按住鼠标左键将垂直光标拖到需要读取数据的位置，在显示屏的下方显示光标与波形垂直相交点处的时间和电压，以及两光标之间的时间和电压。

(4) 用示波器测出给定参数的周期及幅值，并与实际测出的结果进行比较。

(5) 按照实验要求重复实验内容(3) 和(4)，并与实际测出的结果进行比较。

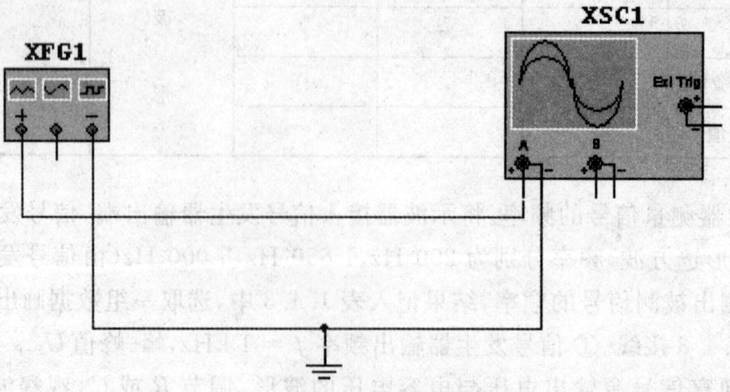

图 1.4.5

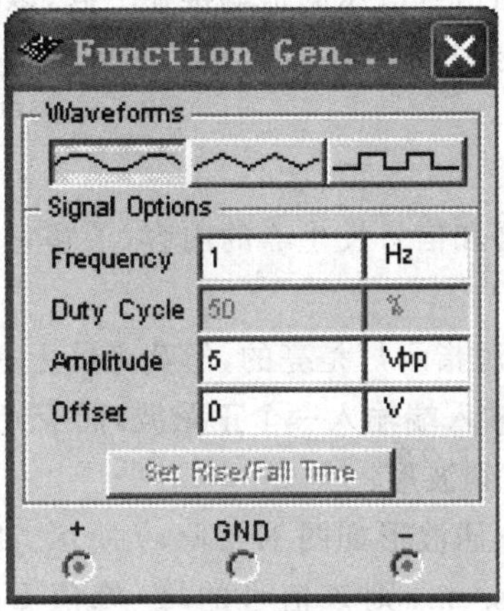

图　1.4.6

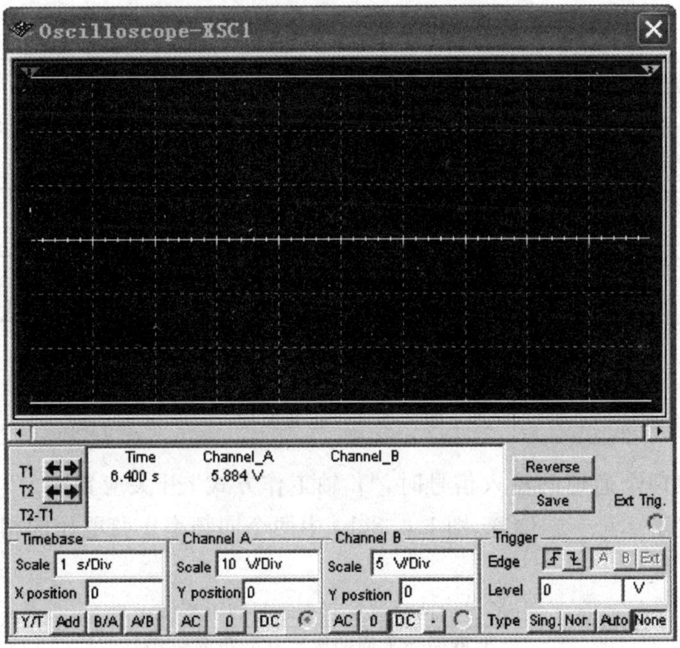

图 1.4.7　仿真电路

五、实验注意事项

(1) 本实验所用示波器是较贵重的仪器，要求在使用时，不要随便旋动各旋钮的位置，应根据实际情况，有选择地调节。

(2) 在使用过程中，应避免频繁开关电源，以免损坏示波器；暂时不用时，只需将荧光屏的亮度调暗即可。

(3) 荧光屏上所显示的亮点或波形的亮度要适当，光点不要长时间停留在一点上，以免损伤荧光屏。

(4) 示波器的地端应与被测信号电压的地端接在一起，以避免引入干扰信号。

(5) 若同时使用双通道时，公共地线不要接错。

六、预习与思考

(1) 阅读附录中有关示波器和信号发生器的内容，了解它们的工作原理、面板上各旋钮的作用和调节方法。

(2) 示波器接通电源后，电源指示灯是亮的，但荧光屏上并无光点，这时应调节哪些旋钮？

(3) 如果示波器"CH2 轴"输入端输入一个正弦波，而荧光屏上只有一条垂直线，这是什么原因？应调节哪些旋钮才能观察到波形？

(4) 用示波器观察到正弦电压波形如图 1.4.8(a) 所示。如果示波器 Y 轴衰减标尺挡位为 1 V/cm，时基开关挡位为 1 ms/cm，则该信号的峰-峰值 U_{P-P} = ________ V，幅值 U_m = ________ V，有效值 U = ________ V，周期 T = ________ ms，频率 f = ________ Hz。若要在荧光屏上显示四个周期的波形，则时基标尺应置于________挡位。

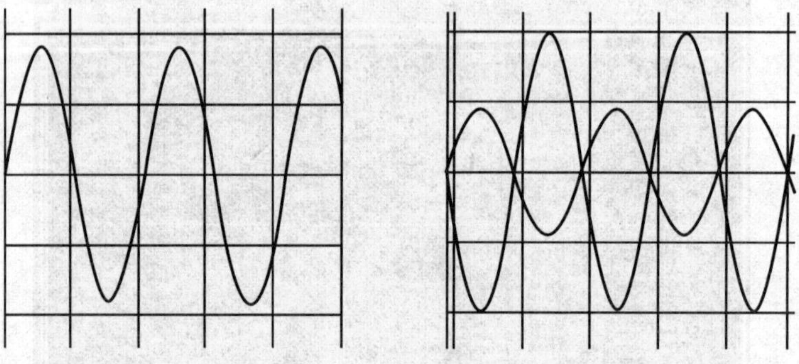

图 1.4.8　正弦波形

(5) 同时观察两个通道的输入信号时，"Y 轴工作方式"开关应置于________挡位，"触发源"开关一般应置于________位置。图 1.4.8(b) 中两个同频率正弦电压的相位差是________。

提示：

$$\text{相位差}\ \varphi = \frac{X\ \text{方向两个波形起点之间的距离(cm)}}{X\ \text{方向一个周期所占有的距离(cm)}} \times 360°$$

七、实验报告要求

(1) 按照实验内容的顺序，用坐标纸画出所观察到的波形并标明参数，与信号源显示的频率值进行对照。

(2) 回答预习思考题。

(3) 记录各实验仪器的规格型号。

八、实验仪器

(1) 信号发生器；

(2) 双踪示波器；

(3) 电容箱、电阻箱、电感箱；

(4) 稳压电源。

1.5　一阶电路暂态过程的研究

一、实验目的

(1) 研究一阶 RC 电路的零输入响应、零状态响应和全响应的变化规律和特点。

(2) 研究一阶电路在阶跃激励和方波激励情况下，响应的基本规律和特点。测定一阶电路的时间常数 τ，了解电路参数对时间常数的影响。

(3) 掌握积分电路和微分电路的基本概念。

(4) 研究一阶动态电路阶跃响应和冲激响应的关系。

二、实验原理

1. 一阶 RC 电路的时域响应

一阶电路就是含有动态元件的电路，通常由一个动态元件电感 L 或电容 C 和若干个电阻元件组成，其电路方程为微分方程。时域分析方法就是首先建立换路后的电路微分方程，再求满足初始条件的微分方程的解。图 1.5.1 所示为一阶 RC 电路。

(1) 一阶 RC 电路的零状态响应。动态元件在零初始状态下，由外施激励引起的电路响应称为零状态响应。图 1.5.1 中，首先将开关 S 置于 1，使电路处于稳定状态。在 $u_C(0_-)=0$，$t=0$ 时刻由 1 扳向 2，直流电源 U_s 经电阻 R 向电容 C 充电。此时，电路对激励 U_s 的响应为零状态响应，电路的微分方程为

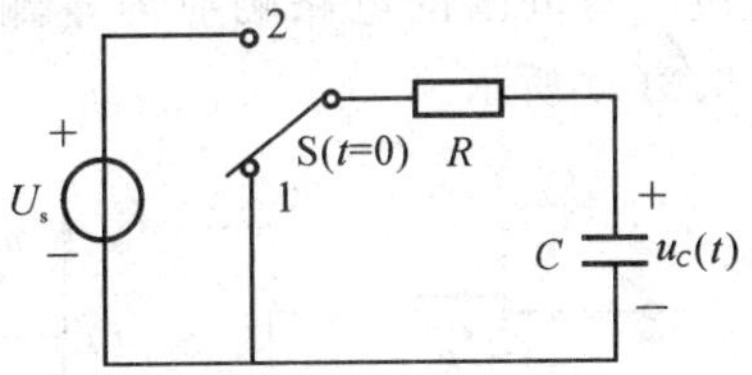

图 1.5.1　RC 一阶电路实验原理图

$$RC\frac{du_C(t)}{dt}+u_C(t)=U_s$$

其解为

$$u_C(t)=U_s(1-e^{-t/\tau}),\quad t\geqslant 0$$

式中，$\tau=RC$ 为电路的时间常数。τ 越大，动态过程持续的时间就越长。当 $t=\tau$ 时，$u_C(\tau)=0.632U_s$，这一暂态过程为电容充电的过程，充电曲线如图 1.5.2(a) 所示。

(2) 一阶 RC 电路的零输入响应。图 1.5.1 中，若开关 S 首先置于 2，使电路处于稳定状态，即 $u_C(0_-)=U_s$，在 $t=0$ 时刻由 2 扳向 1，电容 C 的初始值为 $u_C(0_+)=u_C(0_-)=U_o=U_s$，经电阻 R 放电，此时电路响应为零输入响应，电路的微分方程为

$$RC\frac{du_C(t)}{dt}+u_C(t)=0$$

响应为

$$u_C(t)=u_C(0_+)e^{-t/\tau}=U_se^{-t/RC}$$

这一暂态过程为电容放电过程，放电曲线如图 1.5.2(b) 所示。当 $t=\tau$ 时，$u_C(\tau)=0.368U_s$；当 $t=5\tau$ 时，$u_C(5\tau)=0.007U_o$，一般认为电容电压已经衰减到零，电路的动态过程

结束。

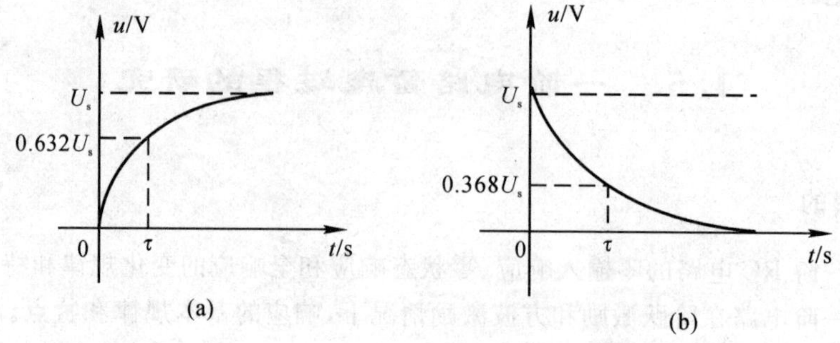

图 1.5.2　RC 电路的零状态响应和零输入响应

动态电路的零状态响应与零输入响应之和称之为全响应。全响应与激励不存在简单的线性关系。

(3) 一阶 RC 电路的方波响应。一阶 RC 串联电路如图 1.5.3(a) 所示，图 1.5.3(b) 所示为电路激励。从 $t = 0$ 开始，该电路相当于接通直流电源。如果 $T/2$ 足够大($T/2 > 5\tau$)，则在 $0 \sim T/2$ 响应时间范围内，电容充电可以达到稳定值 U_s，这样在 $0 \sim T/2$ 范围内 $U_C(t)$ 为零状态响应。从时间 $t = T/2$ 开始，因激励 $u_s = U_s = 0$，考虑到电源内阻很小，此时电容 C 相当于从初始电压 $U_o = U_s$ 向电阻 R 放电。若 $T/2 > 5\tau$，在 $T/2 \sim T$ 时间范围内，电容 C 上电荷可释放完毕，这段时间范围的电路响应为零输入响应。第二周期重复第一周期的过程，相应波形如图 1.5.3(c) 所示。

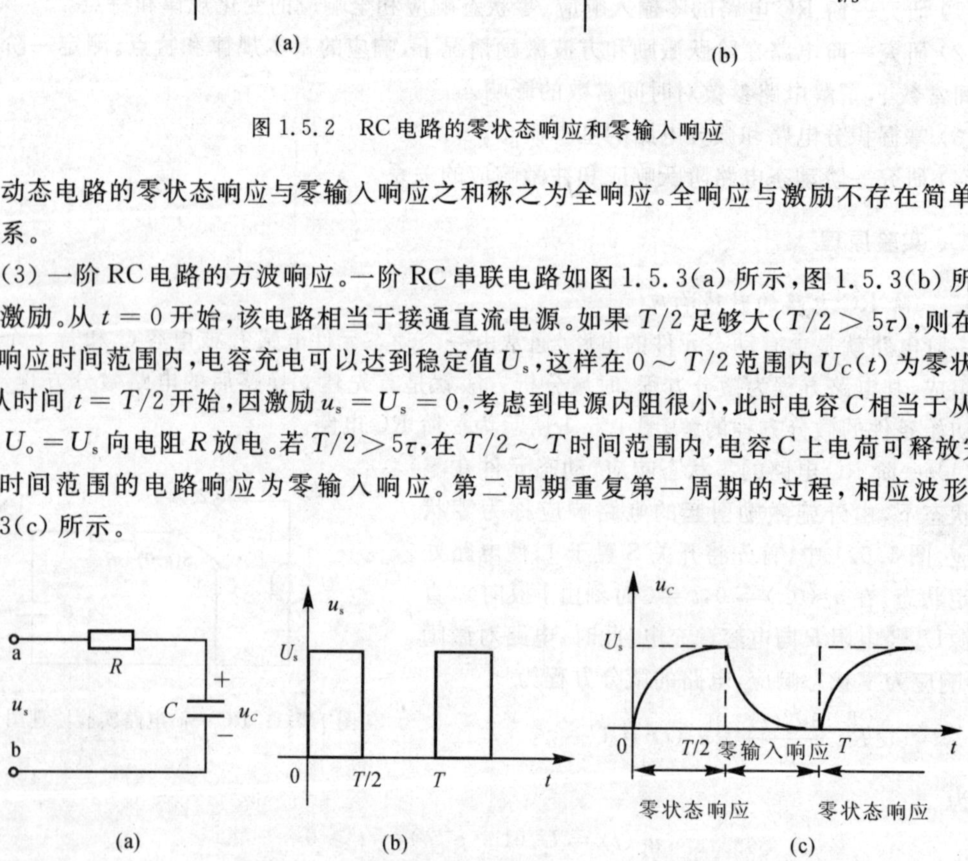

图 1.5.3　方波激励下的一阶 RC 电路的响应波形

(a) 一阶 RC 电路；(b) 激励波形；(c) 响应曲线

2. 积分电路与微分电路

积分电路(Integrated Circuit) 与微分电路(Differentiating Circuit) 是电容器充放电现象的一种应用。一阶 RC 动态电路在一定的条件下，可以近似构成微分电路或积分电路。当时间常数 $\tau \ll T$ 时，图 1.5.4(a) 所示为微分电路。输出电压 $u_o(t)$ 与方波激励 $u_s(t)$ 的微分近似成比例，输入、输出波形如图 1.5.4(b) 所示。从中可见，利用微分电路可以实现从方波到尖脉冲波形的转变。

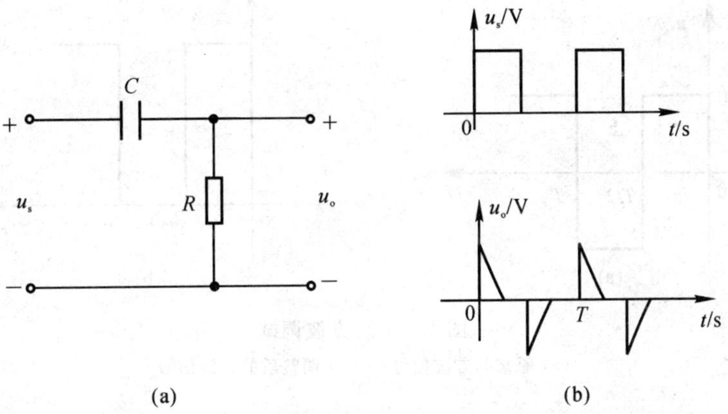

图 1.5.4　微分电路及其输入、输出波形

(a) 微分电路；(b) 输入、输出波形

当时间常数 $\tau \gg T$ 时，图 1.5.5(a) 所示为积分电路，输出电压 $u_o(t)$ 与方波激励 $u_s(t)$ 的积分近似成比例。输入、输出波形如图 1.5.5(b) 所示。从中可见，利用积分电路可以实现从方波到三角波的转变。

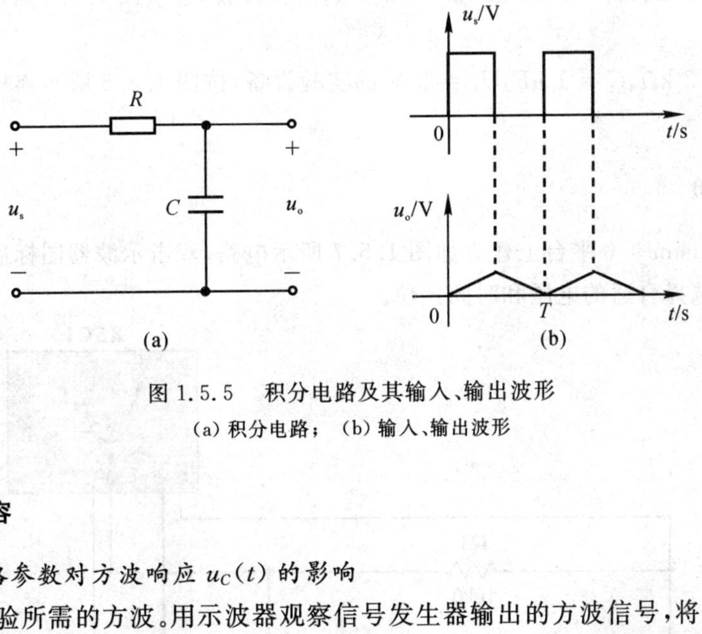

图 1.5.5　积分电路及其输入、输出波形

(a) 积分电路；(b) 输入、输出波形

三、实验内容

1. 研究电路参数对方波响应 $u_C(t)$ 的影响

(1) 调节实验所需的方波。用示波器观察信号发生器输出的方波信号，将示波器输入耦合方式选择开关置于“DC”挡，调节信号发生器的“OFFSET”旋钮，将信号发生器输出的如图 1.5.6(a) 所示方波信号调整为实验所需的如图 1.5.6(b) 所示的方波信号。

(2) 测量 RC 电路响应。实验电路如图 1.5.3 所示，测量电路在不同时间常数时的零状态响应和零输入响应。信号发生器输出方波信号，幅度 $U_s = 4$ V，$f = 500$ Hz，半周期 $T/2 = 1$ ms。示波器 Y 轴灵敏度为 1 V/cm，X 轴灵敏度为 0.5 ms/cm。

固定 $C = 0.1\ \mu$F，按表 1.5.1 调节电阻 R，在坐标纸上记录 $u_C(t)$，$u_R(t)$ 波形，找出相应的时间常数 τ，并与理论值 τ 比较。

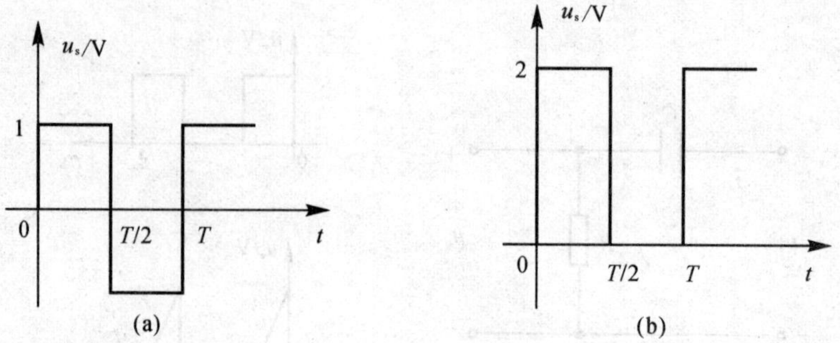

图 1.5.6　方波调试

(a) 原来的方波信号；(b) 调整后的方波信号

表 1.5.1　RC 电路响应 $u_C(t)$,$u_R(t)$ 波形

$C = 0.01\ \mu F$	$R = 500\ \Omega$	$R = 1\ k\Omega$	$R = 2\ k\Omega$
$u_C(t)$ 波形			
$u_R(t)$ 波形			

2. 积分、微分电路的研究

(1) 用 $R = 2\ k\Omega$,$C = 0.01\ \mu F$,$U_s = 2\ V$ 的实验设备，连接图 1.5.4 所示的微分电路，绘出 $u_R(t)$ 的波形。

(2) 用 $R = 2\ k\Omega$,$C = 1\ \mu F$,$U_s = 2\ V$ 的实验设备，按图 1.5.5 所示连接积分电路，绘出 $u_C(t)$ 的波形。

四、仿真实验

(1) 在 Multisim 9.0 平台上建立如图 1.5.7 所示电路，双击示波器图标后，显示出示波器的虚拟面板图，选择合适的电压和时间挡位。

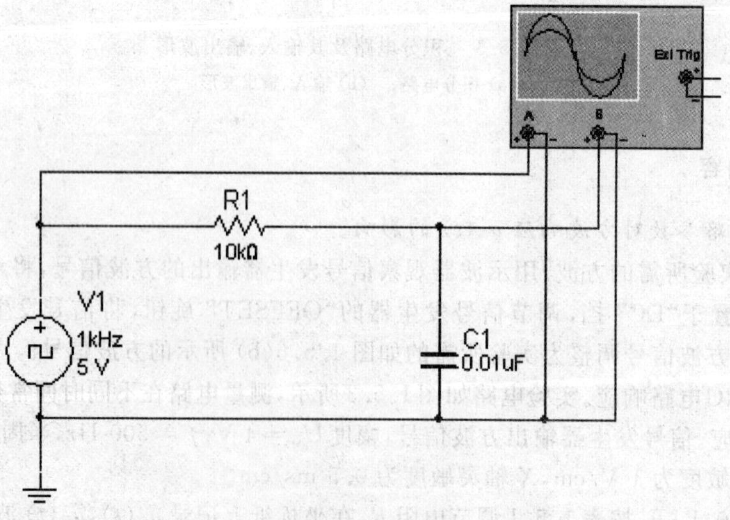

图 1.5.7　仿真实验

(2) 单击示波器虚拟面板图,示波器显示出屏扩展,利用红、蓝两光标读出此时信号的峰值、周期及时间常数。

(3) 修改电路,重做仿真实验。

五、预习与思考

(1) 了解阶跃信号作用于一阶 RC 电路时,电路中电流、电压的变化过程。

(2) 将方波信号转换为三角波信号,可通过什么电路来实现,对电路的参数有什么要求?

(3) 复习信号发生器和示波器的有关内容,熟悉各控制、调节旋钮的作用。

(4) 改变激励电压的幅度是否会改变动态过程的变换速度?为什么?

六、实验报告要求

(1) 用坐标纸绘制所有波形曲线,说明其电路响应的特点。

(2) 根据实验曲线,测量时间常数,并与理论值相比较,复习产生误差的原因。

(3) 分析总结。

七、实验仪器

(1) 普通双踪示波器。

(2) 函数发生器。

(3) 电容箱、电阻箱、电感箱或实验台对应挂箱。

1.6 交流参数的测量(一)—— 三表法

一、实验目的

(1) 掌握测定低频元件的交流等效参数的方法。

(2) 学会使用交流电压表、交流电流表和功率表的使用方法。

(3) 了解调压变压器的的工作原理和使用方法。

二、实验原理与说明

(1) 交流电路中常用的实际无源元件有电阻器、电感器(互感器)和电容器。严格地来讲,这些实际元件都不能用单一的电阻参数,电容参数和电感参数来全面地表征各自的电磁特征。

在低频(如工频)情况下,电阻器周围的磁场和电场可以忽略不计,不考虑其电感和分布电容,将其看成是纯电阻。可用电阻参数来表征电阻器消耗电能这一主要的电磁特征。

电容器在低频时,可以忽略引线电感,忽略其介质损耗和漏导。可用电容参数来表征其储存和释放电能的特性。

电感器的物理原型是导线绕制的线圈,导线电阻不可忽略,在低频情况下,线匝间的分布电容可以忽略。因此,电感器的主要电磁特征为储存和释放磁能并伴随着电能的消耗。用电阻和电感(自感系数)两个参数来表征。对于互感,除了有自感(系数)和损耗电阻外,还有体现磁耦合特性的互感(系数)。

综上所述,在低频情况下交流电路元件参数主要是电阻器的电阻参数,电感器的电阻参数和电感参数,电容器的电容参数。

测量低频电路元件参数的方法主要分为两类。一类是应用电压表、电流表和功率表等测量有关的电压、电流和功率,根据测得的电路量计算出待测电路参数,属于仪表间接测量法。另一类是应用专用仪表,如各种类型的电桥直接测量电阻、电感和电容等。本实验采用仪表间接测量法。

(2) 三表(电压表、电流表和功率表) 法是间接测量交流参数方法中最常用的一种。由电路理论可知,二端网络的端口电压、端口电流及其有功功率有以下关系:

$$|Z| = \frac{U}{I} \qquad \cos\varphi = \frac{P}{UI} \tag{1.6.1}$$

电阻:

$$R = |Z| = \frac{U}{I} \tag{1.6.2}$$

电感:

$$R = |Z|\cos\varphi \qquad L = \frac{X_L}{\omega} = \frac{|Z|\sin\varphi}{\omega} \tag{1.6.3}$$

电容:

$$R = |Z|\cos\varphi \qquad C = \frac{1}{\omega|Z|\sin\varphi} \tag{1.6.4}$$

三表法测定交流参数的电路如图 1.6.1 所示。当被测元件分别是电阻器、电感器和电容器时,根据三表测得的元件电压、电流和功率,应用以上有关的公式,即可算出对应的电阻参数、电感参数和电容参数。

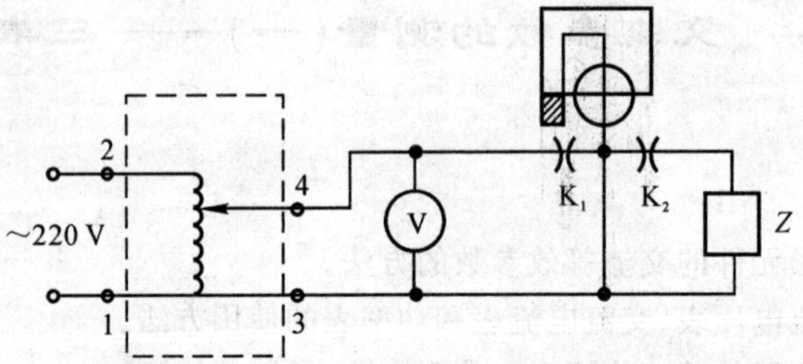

图 1.6.1　三表法测量阻抗的电路图

(3) 如果被测对象不是一个元件,而是一个无源二端网络,只根据三表测得的端口电压、端口电流和该网络所吸收的功率,还不能确定网络的等效复阻抗是容性还是感性。因此也不能确定是根据式(1.6.3) 求其等效电感,还是根据式(1.6.4) 求其等效电容。

判断被测复阻抗性质可采用以下两种方法:

1) 示波器法:应用示波器观察无源二端网络的端口电压及电流的波形,比较其相位差。电流超前为容性复阻抗,电压超前为感性复阻抗。

2) 与被测网络并联电容法:在被测网络两端并接一个适当容量的电容器,若电流表的读数增大,则被测网络为容性;若电流表的读数减小,则为感性。

实验电容器的电容量可根据下列不等式选定:

$$B' < 2B$$

式中,B' 为实验电容的容纳;B 为被测无源二端网络的等效电纳。

三、实验内容

(1) 按图 1.6.1 接线,分别测定滑线电阻、电感线圈和电容器的等效参数,将测量数据分别记入表1.6.1、表1.6.2和表1.6.3。每个元件各测三次,求其平均值。

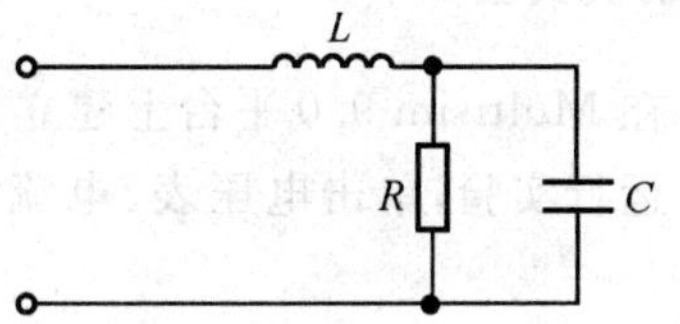

图 1.6.2 无源二端网络

(2) 把上面所测的三个元件,按图 1.6.2 连接成一个无源二端网络,再按图 1.6.1 接线,测定该二端网络的等效参数。用并联一个小实验电容的方法,判断其阻抗角 φ 的正负。

(3) 自行设计实验线路,完成预习与思考(1)。

表 1.6.1 电阻的测量数据

次序	测试记录			计算结果
	U/V	I/A	P/W	R/Ω
1				
2				
3				
平均值				

表 1.6.2 电感的测量数据

次序	测试记录			计算结果	
	U/V	I/A	P/W	R/Ω	L/H
1					
2					
3					
平均值					

表 1.6.3 电容的测量数据

次序	测试记录			计算结果	
	U/V	I/A	P/W	R/Ω	C/μF
1					
2					
3					
平均值					

四、仿真实验

(1) 在 Multisim 9.0 平台上建立如图 1.6.3 所示的电路。

(2) 运行实验,单击电压表、电流表和功率表,记录此时电路中各表的读数,并进行计算验证。

(3) 按"实验内容"要求逐项完成仿真实验。

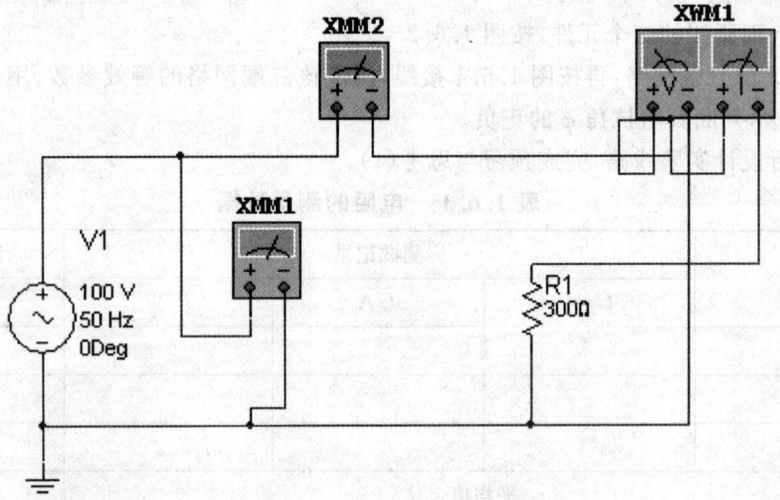

图 1.6.3　实验仿真电路

五、实验注意事项

(1) 测试电路的电流限制在 1 A 以内。功率表电压线圈上的电压和电流线圈中的电流不得超过功率表的额定电压量程和额定电流量程。

(2) 图 1.6.4 为调压变压器的接线端。1,2 为输入端,3,4 为输出端。1,2 两端输入的额定电压为 220 V;1,3 是输入、输出的公共端,一般接零线。输入端与输出端绝对不允许接反。

单相调压器使用时,先把电压调节手轮调在零位,接通电源后再从零位开始升压。每做完一项实验,随手把调压器调回零位,然后断开电源。

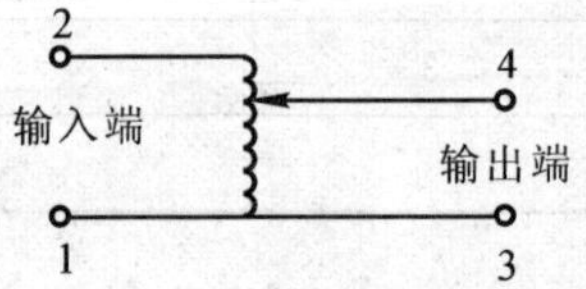

图 1.6.4　调压变压器的接线端

(3) 功率表的正确使用方法请参阅附录 7。

六、预习与思考

(1) 若调压变压器的输出端与输入端接反,会产生什么后果?

(2) 设计一个实验线路。要求:用三表法测量交流元件参数时,在被测元件两端并接电容可以判断元件的性质,并用向量图加以说明。

(3) 画出测量线路,预习所用仪表设备的工作原理和使用方法。

七、实验报告要求

(1) 根据测试结果,计算各元件的等效参数,并与实际设备参数进行比较。

(2) 用各元件的等效参数,计算图 1.6.2 所示无源二端网络的等效阻抗,并与实验结果进行比较。

(3) 回答预习与思考(1),(2)。

八、实验仪器

(1) 调压变压器(220/0 ～ 250 V, 1 kVA);
(2) 交流电压表(75/150/300 V);
(3) 交流电流表(0.5/1 A);
(4) 功率表;
(5) 电感线圈(0.3 H 或 0.25 H);
(6) 电容箱(0 ～ 20 μF);
(7) 滑线电阻。

1.7　交流参数的测量(二)——电桥法

一、实验目的

(1) 阅读使用说明书,熟悉 QS18A 交流电桥的基本原理及其使用方法。
(2) 掌握使用交流电桥测定交流参数的方法。
(3) 培养独立操作和实际应用能力。

二、实验原理

由图 1.7.1 可知,当 $U_{cd}=0$ 时,电桥平衡,指示器电流为零。此时满足 $Z_xZ_c=Z_aZ_b$,即四臂电桥平衡时,相对桥臂的阻抗乘积相等,这就是电桥的基本原理,也是电桥平衡的条件。也可写为

$$|Z_x|\cdot|Z_c|=|Z_a|\cdot|Z_b|$$
$$\varphi_x+\varphi_c=\varphi_a+\varphi_b$$

所以,至少要调节电桥的两个参数才能平衡。一般情况下,电桥经过反复调节后,使检流计的指示值为最小,就可以认为电桥已经达到平衡。

三、实验内容

(1) 测量电感线圈的电阻。
(2) 测量电感线圈的电感值和品质因数。
(3) 测量电容器的电容值和介质损耗因数。
(4) 将上述三个元件组成如图 1.7.2 所示的二端网络,测量其交流参数。

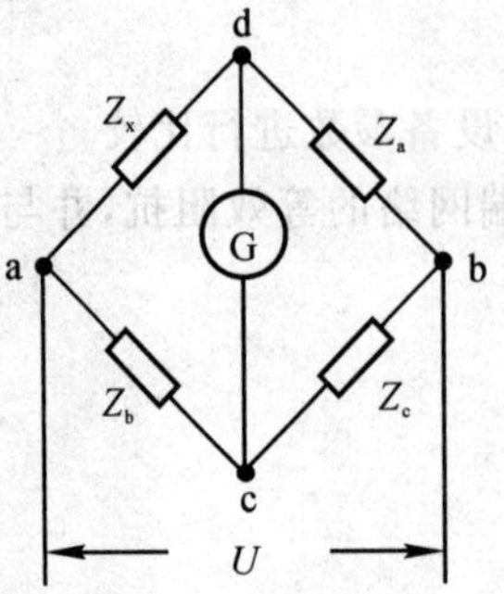

图 1.7.1　电桥原理图

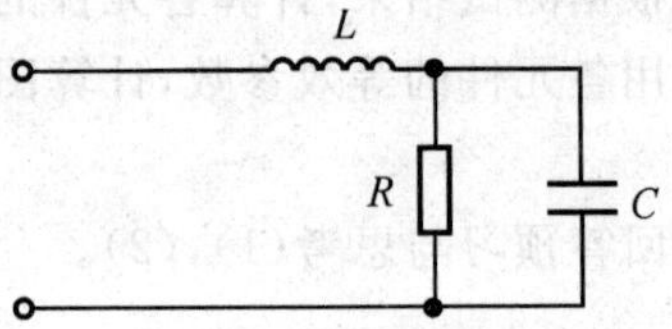

图 1.7.2　测量电路图

四、实验注意事项

电桥平衡时或用完电桥后务必将“测量选择”开关置于“关”位。

五、预习与思考

(1) 认真阅读说明书,熟悉每个旋钮的作用。
(2) 用电桥平衡条件分析测量电容和电感时电桥桥臂的配备原则。
(3) 电感线圈的 Q 值、电容的损耗因数 D 代表什么意义?

六、实验报告要求

(1) 通过 Q_x 求电感线圈的 R_x,与实验内容(1) 所测的电阻值相比较。
(2) 写出调节交流电桥平衡的体会。
(3) 回答预习与思考(2),(3)。

1.8　RLC 串联谐振电路的研究

一、实验目的

(1) 观察谐振现象,加深对串联谐振电路(Series Resonance Circuit) 特性的理解。
(2) 研究电路参数对串联谐振电路特性的影响。
(3) 学习测定 RLC 串联谐振电路的频率特性曲线(Frequency Resonance Curve)。

二、实验原理与说明

(1) 在图 1.8.1 所示的 RLC 串联电路上,电路的阻抗是电源角频率 ω 的函数,即

$$Z = R + \mathrm{j}\left(\omega L - \frac{1}{\omega C}\right) = |Z| \angle\varphi$$

当 $\omega L - \frac{1}{\omega C} = 0$ 时,电路处于串联谐振状态,谐振角频率(Resonant Angular Frequency) 为

$$\omega_0 = \frac{1}{\sqrt{LC}}$$

谐振频率为

$$f_0 = \frac{1}{2\pi\sqrt{LC}}$$

显然，谐振频率仅与元件 L, C 的数值有关，而与电阻 R 和激励电源的角频率无关。

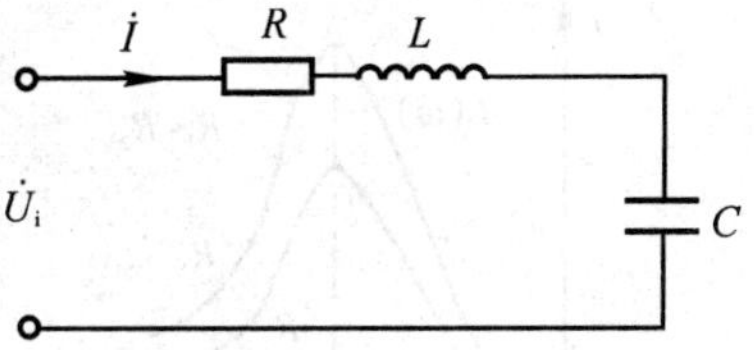

图 1.8.1　RLC 串联电路

(2) 电路处于谐振状态时的特性：

1) 由于回路总阻抗 $X_0 = \omega_0 L - \frac{1}{\omega_0 C} = 0$，因此，回路阻抗 Z_0 为最小值，整个电路相当于一个纯电阻电路，激励电源的电压与回路的响应电流同相位。

2) 由于感抗 $\omega_0 L$ 与容抗 $\frac{1}{\omega_0 C}$ 相等，因此，电感上的电压 U_L 与电容上的电压 U_C 数值相等，相位相差 180°。电感上的电压（或电容上的电压）与激励电压之比为品质因数（Quality Factor）Q，即

$$Q = \frac{U_L}{U_s} = \frac{U_C}{U_s} = \frac{\omega_0 L}{R} = \frac{\frac{1}{\omega_0 C}}{R} = \frac{\sqrt{\frac{L}{C}}}{R}$$

在 L 和 C 为定值的情况下，品质因数仅仅决定于回路电阻 R 的大小。

3) 在激励电压值（有效值）不变的情况下，回路中的电流 $I = \frac{U_s}{R}$ 为最大值，如图 1.8.2 所示。

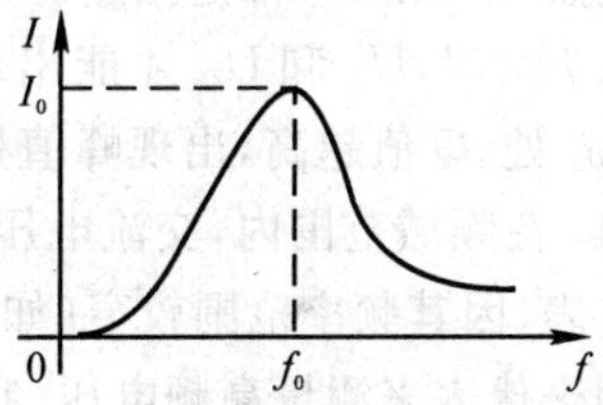

图 1.8.2　阻抗电流和频率的关系

(3) 串联谐振电路的频率特性。回路的响应与激励电源的角频率的关系称为电流的幅频特性（表明其关系的图形为串联谐振曲线），表达式为

$$I(\omega) = \frac{U_s}{\sqrt{R^2 + \left(\omega L - \frac{1}{\omega C}\right)^2}} = \frac{U_s}{R\sqrt{1 + Q^2\left(\frac{\omega}{\omega_0} - \frac{\omega_0}{\omega}\right)^2}}$$

如果保持外施电压的有效值 U 及电路的 L 和 C 不变时，改变 R 的大小，可以得出不同 Q 值时电流的幅频特性曲线（见图 1.8.3）。

显然，Q 值越高，曲线越尖锐。

为了反映一般情况，通常研究电流比 $\frac{I}{I_0}$ 与角频率比 $\frac{\omega}{\omega_0}$ 之间的函数关系，即通用幅频特性。其表达式为

$$\frac{I}{I_0} = \frac{1}{\sqrt{1 + Q^2\left(\frac{\omega}{\omega_0} - \frac{\omega_0}{\omega}\right)^2}}$$

式中，I_0 为谐振时的回路响应电流。

图 1.8.4 画出了不同 Q 值时的通用幅频特性曲线。显然 Q 值越高，在一定的频率偏移下，电流比下降得越厉害，谐振电路的选择性就越好。

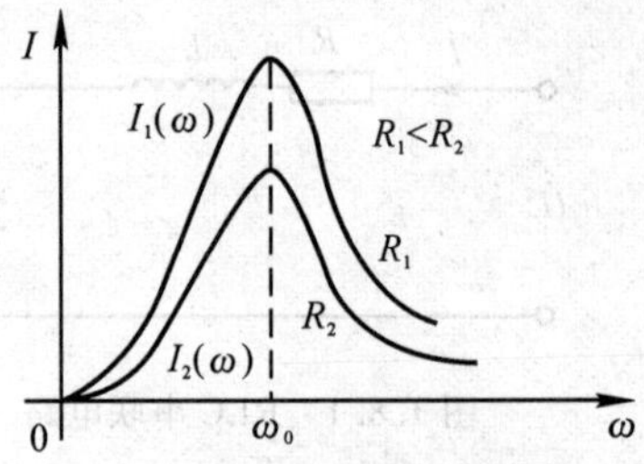

图 1.8.3　不同 Q 值时电流的幅频特性曲线

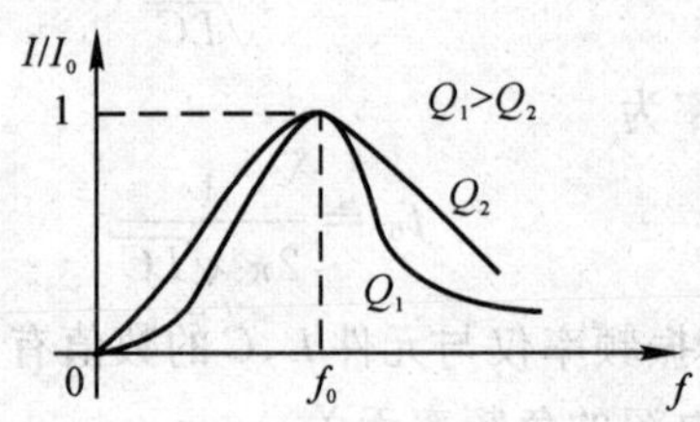

图 1.8.4　不同 Q 值时通用幅频特性曲线

幅频特性曲线可以计算得出，或用实验方法测定。

串联谐振电路中，电感电压为

$$U_L = I \cdot \omega L = \frac{\omega L U_s}{\sqrt{R^2 + \left(\omega L - \frac{1}{\omega C}\right)^2}}$$

电容电压为

$$U_C = I \cdot \frac{1}{\omega C} = \frac{U_s}{\omega C\sqrt{R^2 + \left(\omega L - \frac{1}{\omega C}\right)^2}}$$

显然，U_L 和 U_C 都是激励源角频率 ω 的函数，$U_L(\omega)$ 和 $U_C(\omega)$ 曲线可参照相关教科书。当 $Q > 0.707$ 时，U_L 和 U_C 才能出现峰值，U_C 的峰值出现在 $\omega \leqslant \omega_0$ 处，U_L 的峰值出现在 $\omega = \omega_L > \omega_0$ 处。Q 值越高，出现峰值处离 ω_0 越近。

(4) 在频域范围内，交流电压、电流的频率远远超过工频 50 Hz。这时测量就不能选用普通交流电表，因其频率范围较窄（如 T10—A 交直流两用电流表的频率范围为 0～1 500 Hz）。普遍采用毫伏表来测量高频电压。它不但平流层范围宽（25 Hz～200 kHz），且输入阻抗大，灵敏度高。

三、实验内容

(1) 测量 RLC 串联电路响应电流的幅频特性曲线和 $U_L(\omega)$，$U_C(\omega)$ 曲线。

按图 1.8.5 接线。在实验过程中要始终保持低频信号发生器输出电压 $U = 4$ V 不变，测量不同频率下的 U_R，U_L 和 U_C 值。

为了取点合理，可先将频率由低到高初测一次，注意找出谐振频率 f_0 以及出现 U_C 和 U_L 最大值时的频率 f_C 和 f_L。画出初测曲线草图，然后再根据曲线形状选取频率，进行正式测量。数据记录于表 1.8.1 中。

表 1.8.1　RLC 串联谐振电路测量数据表

$R_1 = 510\ \Omega$														
f/Hz														
U_{R1}/V														
U_L/V														
U_C/V														

其中，$U = 4$ V，$C = 0.1\ \mu$F，$L = 0.3 \sim 0.25$ H，$R = 510\ \Omega$ 或 $R = 960\ \Omega$。

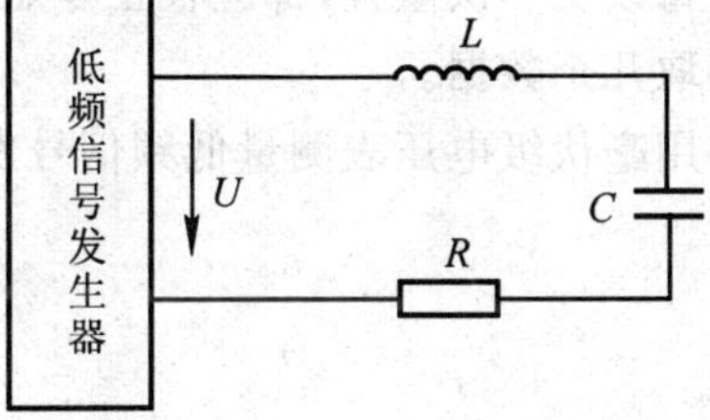

图 1.8.5　实验线路

(2) 保持 U 和 L，C 数值不变，改变电阻 R 的数值(即改变电路 Q 值)，重复上述实验，并将 U_R 的数据记录下来。

四、仿真实验

(1) 在 Multisim 9.0 平台上建立如图 1.8.6 所示电路，把信号源频率调到 919 Hz，即谐振点，用示波器分别测量此时的 U_o，U_R，U_L 和 U_C 的值。

(2) 在谐振点两侧，按频率递增或递减 200 Hz，依次取 5 个测量点，逐点测出 U_o，U_R，U_L 和 U_C 的值。

(3) 按"实验内容"要求完成余下实验。

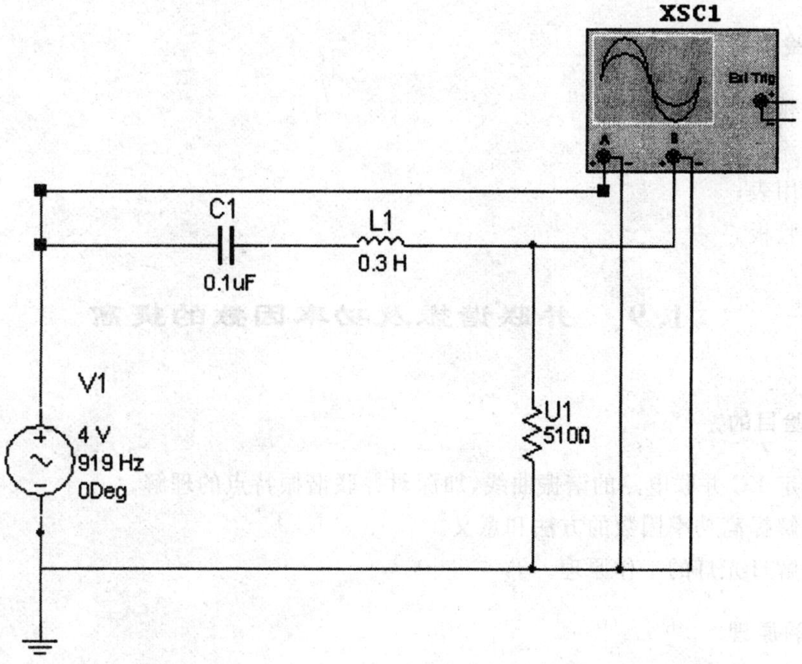

图 1.8.6　仿真实验电路

五、实验注意事项

(1) 使用毫伏级电压表时，每改变一次量程，都应校正零点。

(2) 在谐振频率附近，应多取几个数据。

(3) 每次改变频率时，都要用毫伏级电压表测量低频信号发生器的输出电压，并调节输出电压，使之保持为 4 V 不变。

六、预习与思考

(1) 本次实验要求做两条通用曲线。给定电感线圈的参数 $L=0.25\sim0.3$ H，$C=0.1\ \mu$F，直流电阻 $R=510\ \Omega$ 或 $R=960\ \Omega$，试确定 f_0 值及电路中的 Q 值。

(2) 根据给出的仪器设备，考虑实验步骤，准备记录数据的表格。

(3) 如何判断 RLC 串联电路达到谐振状态?

(4)RLC 串联电路在谐振时，电容器两端的电压会大于电源电压吗?为什么?

(5)RLC 串联电路在谐振时，电阻箱两端的电压会大于电源电压吗?为什么?

七、实验报告要求

(1) 根据实验数据，在坐标纸上绘出不同的 Q 值下的通用幅频特性曲线，以及 $U_C(\omega)$，$U_L(\omega)$ 曲线。

(2) 计算 Q，I_0，f_0 的数值并与实验数值相比较。

(3) 根据实验结果总结 RLC 串联谐振电路的主要特点。

八、实验仪器

(1) 低频信号发生器；

(2) 交流毫伏级电压表；

(3) 万用表；

(4) 实验板。

1.9 并联谐振及功率因数的提高

一、实验目的

(1) 测定 LC 并联电路的谐振曲线，加深对并联谐振特点的理解。

(2) 了解提高功率因数的方法和意义。

(3) 了解日光灯的工作原理。

二、实验原理

(1) 用电设备中，多数是电感性负载。本实验用 40 W 镇流器和 40 W 白炽灯并联，模拟电感性负载，一般电感性负载功率因数较低，通常用并联适当的补偿电容器来提高功率因数。并联电容后，由于电感性负载支路的感性电流与电容支路的容性电流相互补偿，总电流可以降低，功率因数随之提高，当功率因数提高到 1 时，电路呈现并联谐振状态。

假定电感性负载电路的功率因数从 $\cos\varphi$ 提高到 $\cos\varphi'$，则所需电容器的电容值可以按下式计算：

$$C = \frac{P(\tan\varphi - \tan\varphi')}{\omega U^2}$$

式中，$\omega = 2\pi f(f = 50\ \mathrm{Hz})$；$U$ 为电源电压(V)；P 为电路所消耗的有功功率(W)。

本实验中电容器采用电容箱，并联电路示意图见图 1.9.1。

(2) 在图 1.9.1 所示的并联电路中，其输入端等值复导纳为

$$Y = \frac{r}{r^2 + (\omega L)^2} - \mathrm{j}\frac{\omega L}{r^2 + (\omega L)^2} + \mathrm{j}\omega C$$

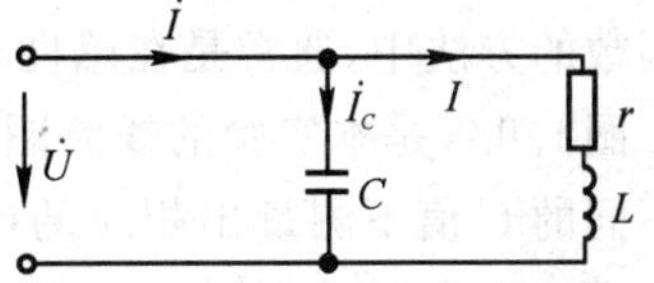

图　1.9.1

如果满足一定条件，使并联电路的感纳($B_L = \frac{\omega L}{r^2 + (\omega L)^2}$)和容纳($B_C = \omega C$)相等，此时，电路中的电流与激励电压同相位，电路发生并联谐振。谐振时有

$$\frac{-\omega L}{r^2 + (\omega L)^2} + \omega C = 0$$

解上式得谐振角频率为

$$\omega_0 = \frac{1}{\sqrt{LC}}\sqrt{1 - \frac{Cr^2}{L}}$$

谐振时，电路中的电流为

$$I = |Y| U = \frac{r}{r^2 + (\omega L)^2}U$$

由以上分析可知，对于内阻较小的并联电路，在谐振频率附近，电路将呈现高的阻抗值，如果电路由电压源供电，且令 U 值不变，则电流值较小。反之，若电路由电流源供电，则电路两端将呈现高电压。

(3) 日光灯电路的原理说明。日光灯又称荧光灯，由灯管、镇流器和启辉器三部分组成，其电路如图 1.9.2 所示。日光灯是一根充有少量水银蒸气的细长玻璃管，管内壁涂有一层荧光物质，灯管两端各有一组灯丝，灯丝上涂有易使电子发射的金属氧化物。

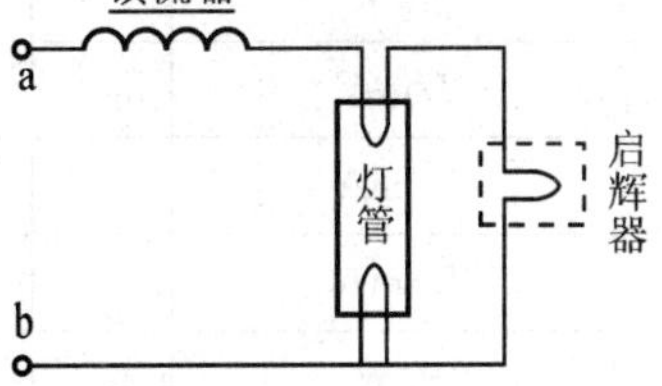

图 1.9.2　日光灯电路

日光灯镇流器是一个具有铁芯的电感线圈，镇流器应与相应规格的灯管配套使用。

日光灯启辉器也称日光灯继电器，它在日光灯电路中起自动开关的作用。启辉器的小玻璃泡内有两个电极，一个为静触点，另一个为 U 型双金属片构成的动触点。双金属片在热胀冷缩时具有自动开关的作用。在两个电极上并联有一个小电容，主要用于消除日光灯启动时对附近无线电设备的干扰。

日光灯发光的工作过程如下：在图 1.9.2 所示电路中，当电源刚接通时，电源电压全部加在启辉器两端(此时日光灯灯管尚未点亮，在电路中相当于开路)，启辉器两电极间产生辉光放电，使双金属片受热膨胀而与静触点接触，电源经镇流器、灯丝、启辉器构成电流通路使灯丝预

热。经 1 ～ 3 s 后，由于启辉器的两个电极接触使辉光放电停止，双金属片冷却，使两个电极分离。在电极断开的瞬间，电流被突然切断，于是在镇流器两端产生较高的自感电动势(可达 400 ～ 600 V)，这个自感电动势与电源电压共同加在已预热的灯管两端的灯丝间，使灯丝发射大量电子，并使管内气体电离而放电，产生的大量紫外线激发荧光物质发出近似日光的光线来，因此称为日光灯，又称荧光灯。日光灯点亮后，灯管近似一个纯电阻。由于镇流器与日光灯串联，它具有较大的感抗，因此又能限制电路中的电流，维持日光灯管的正常工作。

(4) 在供电系统中，用户大部分负载都是感性的，它的功率因数一般都很低，因而增加了输电线路的功率损耗，降低了传输效率。因此，提高感性负载的功率因数是很有必要的。提高功率因数的方法中，通常是在感性负载两端并联电容器以提高功率因数。

图 1.9.3 是本实验的线路图，调节电容器，在不同的 C 值下测量出相应的电流 I、负载端电压 U_2、电源输出功率 P_1 和负载吸收功率 P_2，由此计算出相应负载的功率因数为

$$\cos\varphi = \frac{P_2}{U_2 I}$$

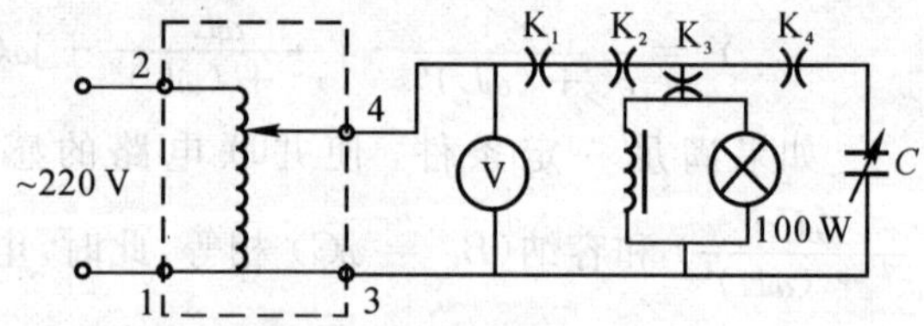

图 1.9.3　实验电路

及传输效率为

$$\eta = \frac{P_2}{P_1}$$

取不同的 C 值进行比较，可以看出，并联电容能提高感性负载的功率因数。

三、实验内容

(1) 按图 1.9.3 接线。从零开始改变 C 值(0,1,2,…,10 μF)，测出相应的电压、功率及各电流值，数据记录于表 1.9.1 中(注意要选取出谐振点各值)。

表　1.9.1

$C/\mu F$												
U/V												
I/mA												
I_1/mA												
I_2/mA												
P/W												

(2) 自拟线路，完成预习与思考(3)。

四、仿真实验

(1) 在 Multisim 9.0 平台上建立如图 1.9.4 所示的电路，在开关 K 没有合上时测量电路中电压和电流值。

(2) 设置电容 C 分别为 1,2,3,…,10 μF 时，合上开关 K，分别测量电路中电压和电流值。

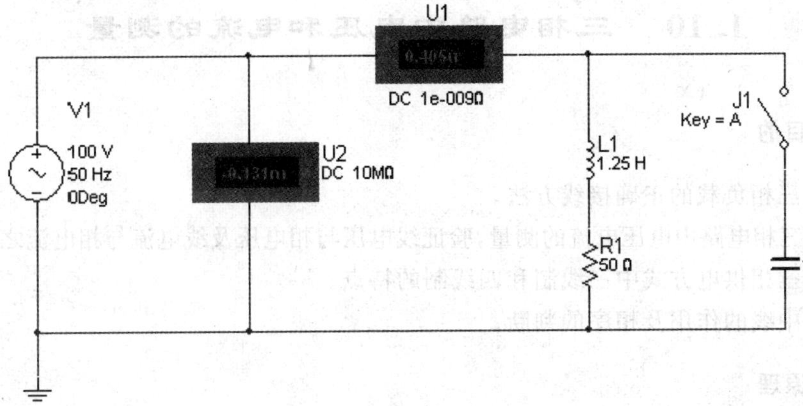

图 1.9.4　仿真实验电路

五、实验注意事项

(1) 功率表和调压器的使用参阅附录。

(2) 实验线路接好后必须经过老师的检查,否则不允许通电实验。

(3) 图 1.9.3 中 K_1, K_2, K_3, K_4 均为交流插座,分别测量 P, I, I_1, I_2 的值。

六、预习与思考

(1) 怎样根据交流电流表的读数判断 $\cos\varphi' = 1$ 时电路的状态?

(2) 并联电容后,功率表的读数有无变化?

(3) 为什么要用并联电容的方法提高功率因数?串联电容行不行?试分析之。

七、实验报告要求

(1) 根据测得的数据,做出在 $C = 0$ 和 $C = 6\ \mu F$ 时电路电压、电流的向量图,总结并联电容对感性负载工作情况的影响。

(2) 计算在不同的电容值时电路的功率因数。

(3) 根据实验确定将感性负载功率因数提高到 1 时所需并联的电容值。

(4) 在同一坐标纸上画出 $\cos\varphi' = f(C)$ 及 $I = f(C)$ 曲线。

(5) 回答预习与思考题。

八、实验仪器

(1) 调压变压器;

(2) 交流电压表;

(3) 交流电流表;

(4) 功率表;

(5) 感性负载;

(6) 电容箱。

1.10　三相电路中电压和电流的测量

一、实验目的

(1) 学习三相负载的正确接线方法。

(2) 通过三相电路中电压电流的测量,验证线电压与相电压及线电流与相电流之间的关系。

(3) 比较三相供电方式中三线制和四线制的特点。

(4) 了解中线的作用及相序的判断。

二、实验原理

(1) 三相负载有星型连接和三角型连接两种方式。

在星型连接电路中,又分为有中线和无中线两种情况。在对称三相电路中,根据理论分析可知,其线电压和相电压之间有$\sqrt{3}$倍的关系,即

$$U_L = \sqrt{3}U_P$$

在三角型连接中,其线电流与相电流之间有$\sqrt{3}$倍的关系,即

$$I_L = \sqrt{3}I_P$$

在负载不对称的三相电路中,都采用三相四线制。

(2) 三相负载电压电流的测量。

1) 电压的测量。在三相四线制电路中,不论负载对称与否,各相相电压与线电压都是对称的,只要测量其中一相即可。但若负载不对称且中线断开时,尽管线电压对称,各相负载相电压却不对称,某相相电压可能超过负载额定电压而造成设备损坏,这是一种故障状态。此时应测量三个相的负载相电压以判断故障之所在。中线的作用是保证不对称负载各相相电压对称,使设备正常工作。

在三相三线制电路中(三角型负载或对称星型负载),各相线电压总是对称的,等于电源线电压,原则上只要测量其中一相即可。但若存在线路故障,也可能有缺相或不对称的情况,应对其余两相作检查性测量。

2) 电流的测量。不论三线制还是四线制电路,对称负载各相电流相等,只要测量一相即可。而不对称负载则三相相电流和线电流都不对称,必须各相分别测量。对三角型负载要测量六个电流。

(3) 三相电源的相序可根据中性点位移原理用实验方法来确定。相序指示器电路如图 1.10.1 所示,负载的一相为电容器,另外两相是两只同样功率的白炽灯。由于三相负载不对称,可以证明,各相负载上的电压将有所不同,适当选择电容的大小,两只白炽灯的亮度明显不同。如果我们将接电容的一相称为 A 相,则白炽灯较亮的一相为 B 相,较暗的一相为 C 相。

(4) 实验中对称负载为每相灯泡 40 W 一只或两只串联,不对称负载为一相用电容 4 μF,其余不变。

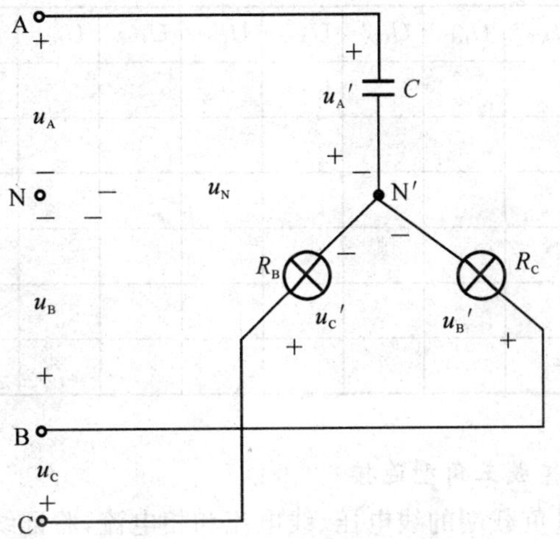

图1.10.1　相序指示器的电路

三、实验内容

用交流电压表测三相电源的线电压和相电压，了解实际电源的对称性。

1. 负载按图1.10.2接成星型连接

(1) 对称星型负载连接时，测量有中线和无中线情况下的负载端的线电压、相电压和相电流，并验证线电压和相电压的关系。

(2) 断开任一相负载，测量负载端的线电压和相电压、相电流，分析线电压和相电压之间关系的变化。

(3) 不对称星型四线制连接时，测量负载端的线电压、相电压和相电流，以及中线电流。

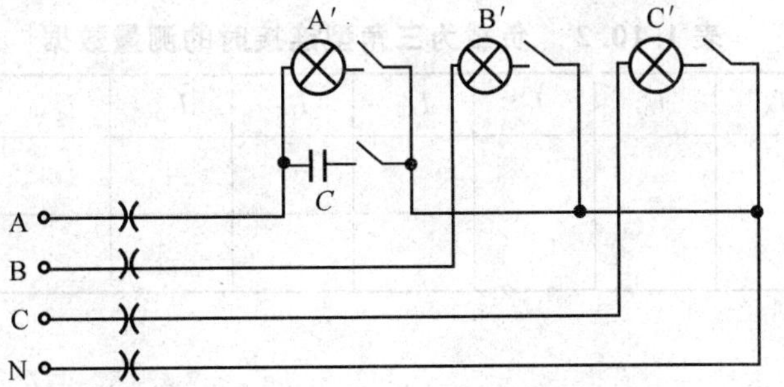

图1.10.2　星型负载实验线路

(4) 不对称星型三线制连接时，测量负载端的线电压、相电压和相电流以及中性点之间的电压。此时就是相序器的情况，如果以接有电容的一相为A相，则正序的B相灯比C相灯亮。

将数据记入表1.10.1中。

表 1.10.1　负载为星型连接时的测量数据

负载		$U_{A'B'}$	$U_{B'C'}$	$U_{C'A'}$	$U_{A'N'}$	$U_{B'N'}$	$U_{C'N'}$	$U_{NN'}$	I_A	I_B	I_C	$I_{NN'}$
对称	有中线											
	无中线											
不对称	有中线											
	无中线											
A相电源开路	有中线											
	无中线											

2. 负载按图 1.10.3 接成三角型连接

(1) 对称负载时，测量负载端的线电压、线电流和相电流，验证线电流和相电流的关系。

(2) 不对称负载时，测量负载端的线电压、线电流和相电流，分析线电流和相电流之间关系的变化。

将数据记入表 1.10.2 中。

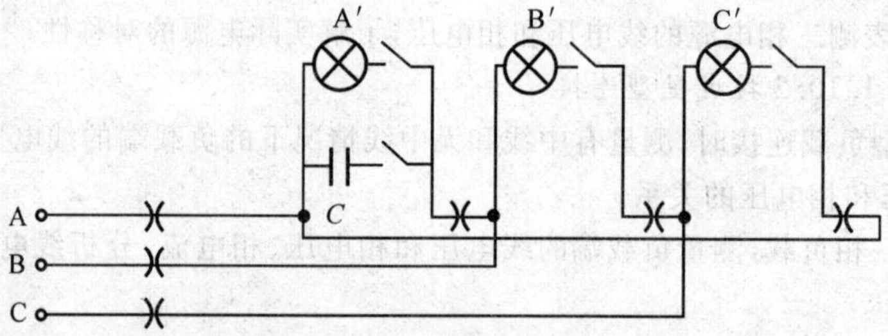

图 1.10.3　三角型负载实验线路图

表 1.10.2　负载为三角型连接时的测量数据

负　载	I_A	I_B	I_C	I_{AB}	I_{BC}	I_{CA}	U_{AB}	U_{BC}	U_{CA}
对称									
不对称									

四、仿真实验

(1) 在 Multisim 9.0 平台上建立如图 1.10.4 所示的三相对称负载电路(三相电源子电路设计见第 3 章计算机仿真实验有关内容)，XMM1 测量相电压，XMM2 测量相电流，XMM3 测量中线电流。

(2) 完成其他仿真实验。

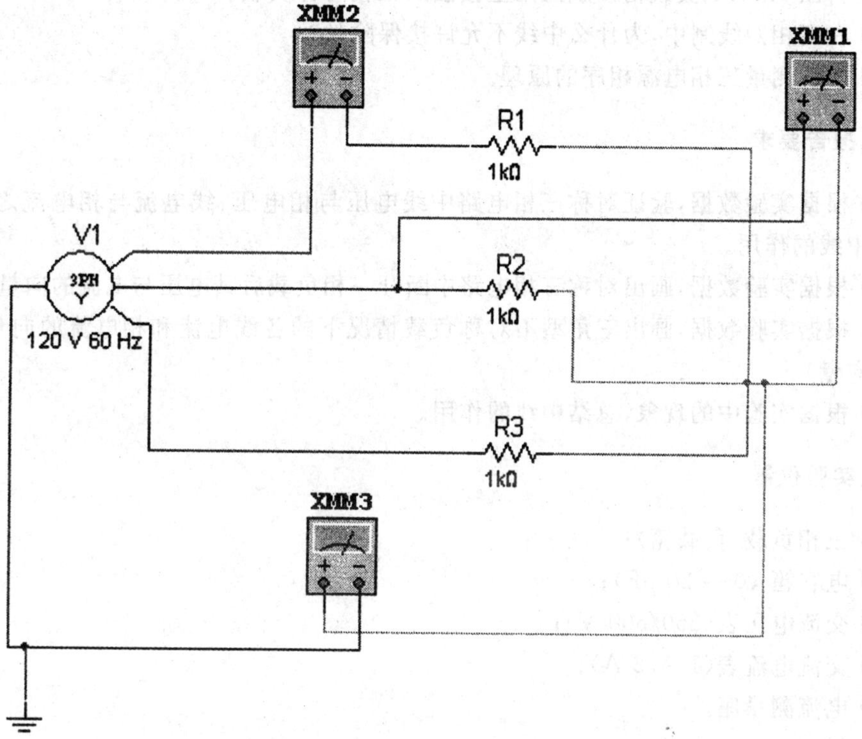

图 1.10.4　仿真实验线路

五、实验注意事项

(1) 三相交流电源必须与三相负载要求的电压等级相配合。本实验负载由灯泡组成，要求电压采用 220/127 V 电压。

(2) 本实验为交流实验，电压较高，要注意人身安全及设备安全。必须遵守先接线后通电、先断电后拆线的实验操作原则。

六、预习与思考

(1) 将图 1.10.5 所示的白炽灯泡负载接成星型连接，并和三相电流测量座及电源相连。要求一次接线能完成实验内容中各项要求。

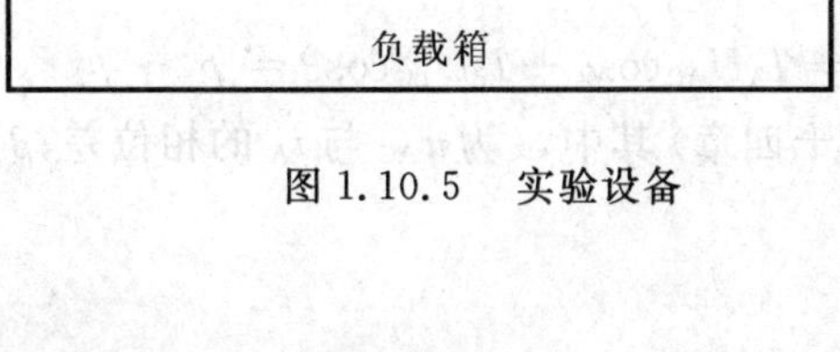

图 1.10.5　实验设备

(2) 将图 1.10.5 负载箱接成三角型接法的三相对称负载。

(3) 在三相四线制中,为什么中线不允许接保险丝?

(4) 了解测量三相电源相序的原理。

七、报告要求

(1) 根据实验数据,验证对称三相电路中线电压与相电压、线电流与相电流之间的关系,并说明中线的作用。

(2) 根据实验数据,画出对称三相电路中断开一相负载后其电压与电流的向量图。

(3) 根据实验数据,画出三角型不对称负载情况下的各线电流和相电流的向量图(以 U_{ab} 为参考向量)。

(4) 根据实验中的现象,总结中线的作用。

八、实验仪器

(1) 三相负载(负载箱);

(2) 电容箱 (0 ~ 20 μF);

(3) 交流电压表(250/500 V);

(4) 交流电流表(1 A/2 A);

(5) 电流测量座。

1.11 三相电路功率的测量

一、实验目的

(1) 学习三相交流电功率的测量方法。

(2) 了解测量对称三相电路无功功率的方法。

二、实验原理与说明

三相交流电总功率为三个单相功率之和。

(1) 当负载对称时,只要用一只功率表测量其中一相功率 P,再乘以 3 即可,称为一瓦计法。

$$P = 3P_p = 3U_pI_p\cos\varphi$$

(2) 当负载为三相四线制不对称时,必须分别测量三个相的功率再求和,称为三瓦计法。

$$P = P_A + P_B + P_C = U_AI_A\cos\varphi_A + U_BI_B\cos\varphi_B + U_CI_C\cos\varphi_C$$

(3) 对于三相三线制负载(不管负载对称与否,亦不论负载是星型接法还是三角型接法),可采用二瓦计法测量。由

$$p = u_Ai_A + u_Bi_B + u_Ci_C$$

可导出

$$p = I_AU_{AC}\cos\alpha + I_BU_{BC}\cos\beta = p_1 + p_2$$

(详见秦曾煌《电工学》上册第十四章)其中,α 为 u_{AC} 与 i_A 的相位差;β 为 u_{BC} 与 i_B 的相位差。由

此可知二瓦计的接线方法如图1.11.1所示。分析可知

$$\alpha = 30° - \varphi_A \qquad \beta = 30° + \varphi_B$$

其中，φ_A 和 φ_B 分别为A相和B相负载阻抗角。当负载对称时，$\varphi_A = \varphi_B = \varphi$，于是有

$$\alpha = 30° - \varphi \qquad \beta = 30° + \varphi$$

负载功率因数 $\cos\varphi > 0.5$，即 $\varphi < 60°$ 时，

$$P = I_A U_{AC} \cos(30° - \varphi) + I_B U_{BC} \cos(30° + \varphi) = P_1 + P_2$$

即两表读数均为正，总功率为两表读数之和。

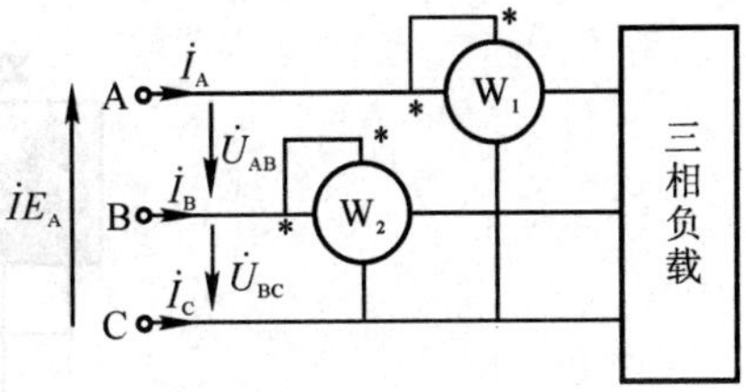

图1.11.1　二瓦计的接线图

当负载功率因数 $\cos\varphi < 0.5$，即 $\varphi > 60°$ 时，

$$P = P_1 - P_2$$

其中一只表指针将反偏，读数应为负值，应调换表中电压线圈极性，总功率为两表读数之差的绝对值。

二瓦计法使用的条件是必须满足 $i_A + i_B + i_C = 0$ 的关系，因此只能用于三相三线制电路中功率的测量。

(4) 无功功率的测量。

1) 对称三相电路中，用二瓦计法测得的读数 P_1 和 P_2 来求负载的无功功率 Q 和负载的功率因数 $\cos\varphi$，其关系式为

$$Q = \sqrt{3}(P_1 - P_2)$$

$$\varphi = \arctan\left(\sqrt{3} \times \frac{P_1 - P_2}{P_1 + P_2}\right)$$

2) 如图1.11.2所示，将功率表的电流线圈串接于任一相火线，而电压线圈跨接到另外两相火线之间，则有

$$Q = \sqrt{3}P$$

当负载为感性时，功率表正向偏转；负载为容性时，功率表反向偏转(读数取负值)。

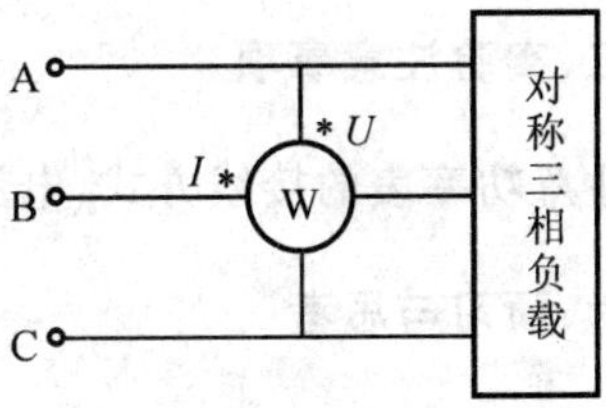

图　1.11.2

三、实验内容

本实验的三相电源是对称星型接法，线电压为220 V，相电压为127 V，负载是交流负载箱，负载不对称时用4 μF电容代替任一路灯泡。

(1) 负载接成三相四线制，分别测量对称负载和不对称负载时的总功率。

(2) 负载接成对称三相三线制，分别用三瓦计法和二瓦计法测量三相功率。

(3) 负载接成不对称三相三线制，分别用三瓦计法和二瓦计法测量三相功率。

(4) 功率表如图1.11.2所示连接于对称负载中，记录测量值。

四、仿真实验

(1) 在Multisim 9.0平台上建立如图1.11.3所示的电路，在开关K没有合上时测量电路中电压和电流值。

(2) 完成其他仿真实验。

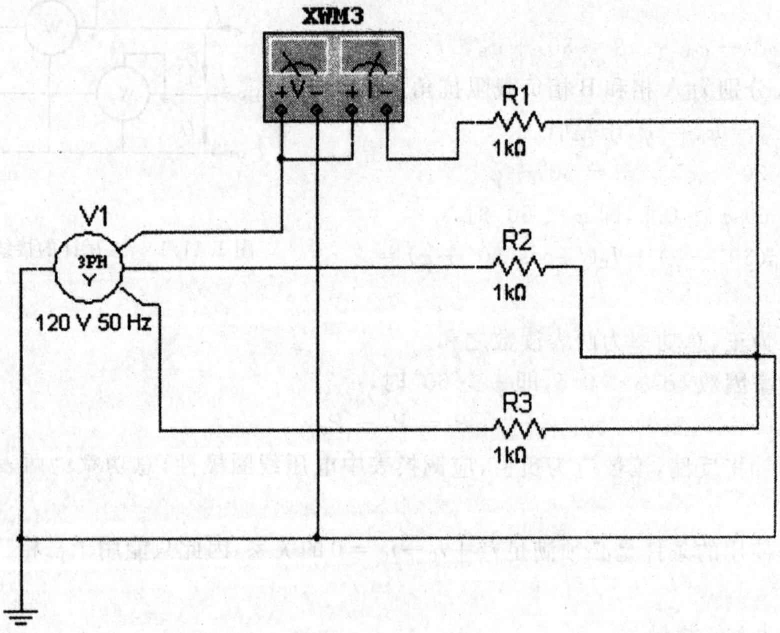

图 1.11.3　仿真实验线路

五、实验注意事项

注意功率表的接线方式，电压量程和电流量程的选择，以及功率表的读数方式。

六、预习与思考

(1) 复习功率表的使用方法。

(2) 理解用二瓦计法测量三相三线制电路中负载的功率。

(3) 如果对称负载接成三角型连接，则负载的三相功率是多少？自拟实验线路，并进行相应的测量。

七、报告要求

(1) 整理实验数据，对不同方法测量的有功功率作比较。

(2) 说明二瓦计法测量三相电路有功功率的适用场合。

八、实验仪器

(1) 功率表(D51—W)；

(2) 交流负载箱；

(3) 电容箱(0 ～ 20 μF)。

第 2 章　技能提高实验

2.1　非正弦周期电流电路的研究

一、实验目的

(1) 加深对非正弦周期电压或电流有效值关系的理解。

(2) 观察非正弦周期电路中,电感和电容对电流波形的影响。

二、实验原理

(1) 对非正弦周期电流电路的计算,可用傅里叶级数(Fourier Series)将电动势、电压和电流展开成级数的形式。如非正弦周期电压 $u(t)$ 或电流 $i(t)$ 可分别展开成

$$u(t) = U_0 + \sum U_k \cos(k\omega t + \varphi_{uk})$$

$$i(t) = I_0 + \sum I_k \cos(k\omega t + \varphi_{ik})$$

而非正弦周期电压和电流的有效值,则可分别写成

$$U = \sqrt{U_0^2 + U_1^2 + U_2^2 + \cdots}$$

$$I = \sqrt{I_0^2 + I_1^2 + I_2^2 + \cdots}$$

式中,U_0, I_0 分别为电压和电流的恒定分量;U_1, U_2, … 和 I_1, I_2, … 分别为电压和电流各次谐波的有效值。

(2) 获得三次谐波(Third Harmonic)的实验装置如图 2.1.1 所示,它是将三个单相变压器的初级作无中线的星型连接,端钮 A,B,C 接三相电源,而次级连接成开口三角型。

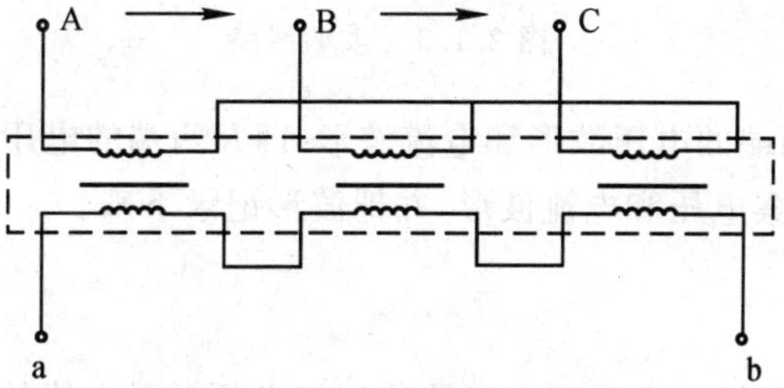

图 2.1.1　三次谐波实验装置

初级接三相电源，由于铁芯饱和，磁通的变化是非正弦的，因而每只变压器也是非正弦的，但由于次级连接成开口三角型，所以在a，b两端得到的电压主要是三次谐波电压，这种装置可作为频率三倍器(Frequency Tripler)。

(3) 由于感抗与频率成正比，因此在非正弦周期电路中，接入电感元件，有使高次谐波电流相对削弱的作用；若接入电容元件，则恰好相反，将削弱基波和低次谐波，因为容抗(Capactive Reactance)与频率成反比。

三、实验内容

(1) 按图2.1.2接线，把调压器的输出电压U_1的有效值调到50 V，用交流电压表测U_3和U，再用示波器观察U_1，U_3和U的波形，并把波形记录下来。

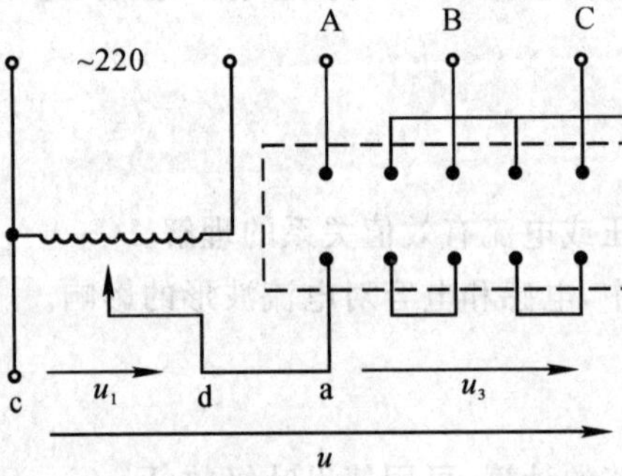

图2.1.2　实验线路

把调压器的输出电压U_1的有效值调到100 V，重复上述内容。

(2) 将图2.1.2中a和b两个端钮换接(即把端钮b接到d)，重复实验内容(1)。

(3) 在图2.1.2所示电路中的c，b两端接入电阻R和电感线圈(r，L)，如图2.1.3所示。

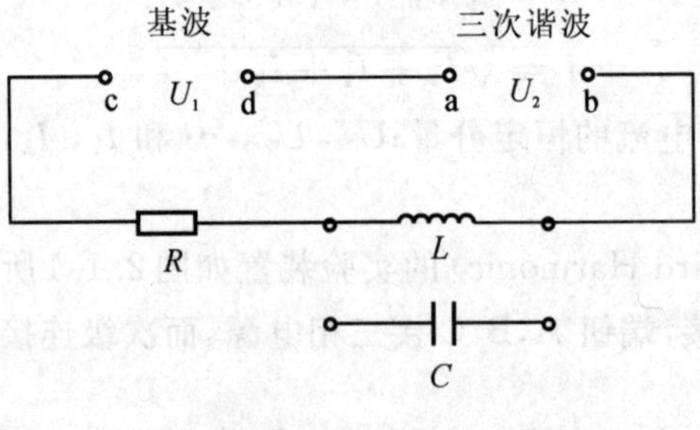

图2.1.3　实验线路

用示波器观察c，b两端的电压波形和电流波形(即R两端的电压波形)，把图2.1.3中的电感线圈换成电容C，再观察电压和电流波形，并把波形记录下来。

四、实验注意事项

(1) 连接频率三倍器时，三个单项变压器的初级必须做无中线的星型连接。

(2) 用示波器观察波形时，要学会辨别基波和三次谐波以及各次谐波波形的合成关系。

五、预习与思考

(1) 画出基波与三次谐波在下列两种情况下的合成波形：

1) 基波初相 $\varphi_0 = 0$，三次谐波初相 $\varphi_3 = 0$。

2) 基波初相 $\varphi_0 = 0$，三次谐波初相 $\varphi_3 = \pi$。

(2) 电路如图 2.1.4 所示，已知

$$u_1(t) = \sqrt{2} \times 50\sin 314t \text{ (V)}$$

$$u_2(t) = \sqrt{2} \times 60\sin 314t \text{ (V)}$$

$$R = 100\ \Omega, \qquad L = 0.3\ \text{H}$$

试求电路中的电流 $i(t)$，画出 $u(t)$ 和 $i(t)$ 的波形，分析 $i(t)$ 波形与电感 L 的关系。

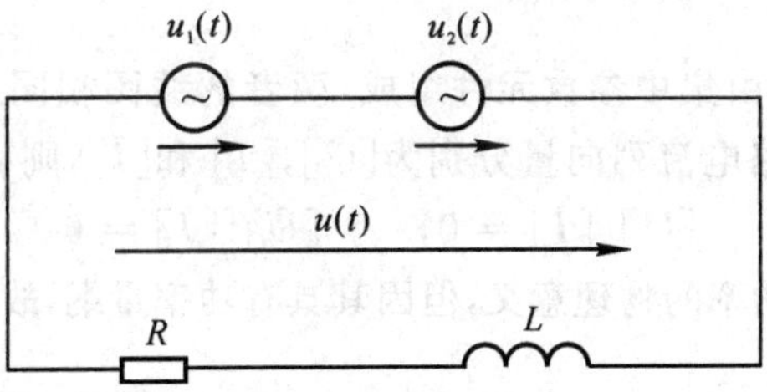

图　2.1.4

六、实验报告要求

(1) 根据非正弦周期电路电压有效值的关系式 $U = \sqrt{U_1^2 + U_3^2}$，分析实验结果，并讨论产生误差的原因。

(2) 将观察到的波形进行分析讨论。

(3) 回答预习与思考题。

七、实验仪器

(1) 示波器；

(2) 单相调压器(110 ~ 220/55 ~ 110 V)；

(3) 调压变压器(220/0 ~ 250 V，1 kVA)；

(4) 交流电压表(75/150/300 V)。

2.2　特勒根定理与互易定理的研究

一、实验目的

通过对特勒根定理和互易定理的验证，进一步加深对这两个定理的理解。

二、实验原理与说明

1. 特勒根定理

特勒根定理(Tellegen Theorem)是由基尔霍夫定律推导出的一个电路普遍定理。该定理有两个内容。

内容一:在任何具有 b 条支路的集中参数电路中,设其支路电压列向量$[U]=[u_1,u_2,\cdots,u_b]^T$,支路电流列向量$[I]=[i_1,i_2,\cdots,i_b]^T$,则有

$$[U]^T[I]=0$$

即

$$\sum_{k=1}^{b} u_k i_k = 0 \tag{2.2.1}$$

其中各电压、电流取关联参考方向。该定理的物理意义是电路中功率守恒,所以又称“内容一”为功率守恒定理。

内容二:设两个电路都由集中参数元件组成,两者的线图相同且所取参考方向一致。设它们的支路电压列向量和支路电流列向量分别为$[U]$,$[I]$和$[\hat{I}]$,则有

$$[U]^T[\hat{I}]=0,\quad [\hat{U}]^T[I]=0 \tag{2.2.2}$$

虽然“内容二”中各项已无功率的物理意义,但因其具有功率量纲,故称“内容二”为似功率定理。

2. 互易定理

一个仅由电阻器、电感器、耦合电感器、电容器和变压器所组成的定常二端网络称为互易网络,它满足互易定理(Reciprocity Theorem):

(1) 当一电压源 U_s 接入 1-1′ 端,在 2-2′ 端引起短路电流 I_2,如图 2.2.1(a) 所示,等于将此电压源移到 2-2′ 端,在 1-1′ 端引起的短路电流 $\hat{I}_1$,如图 2.2.1(b) 所示,即

$$I_2=\hat{I}_1$$

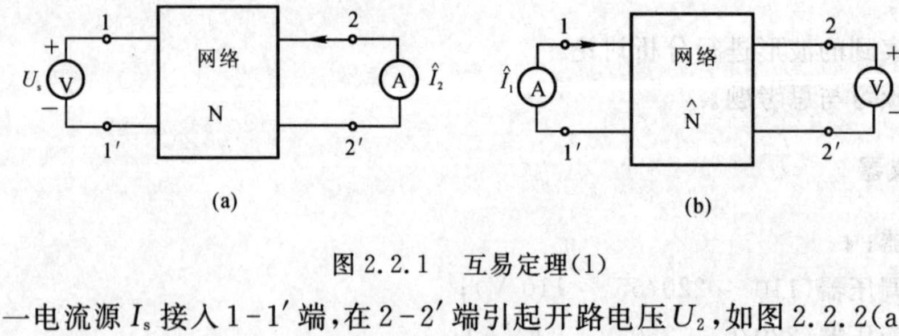

图 2.2.1　互易定理(1)

(2) 当一电流源 I_s 接入 1-1′ 端,在 2-2′ 端引起开路电压 U_2,如图 2.2.2(a) 所示,等于将此电流源移到 2-2′ 端,在 1-1′ 端引起的开路电压 $\hat{U}_1$,如图 2.2.2(b) 所示,即

$$U_2=\hat{U}_1$$

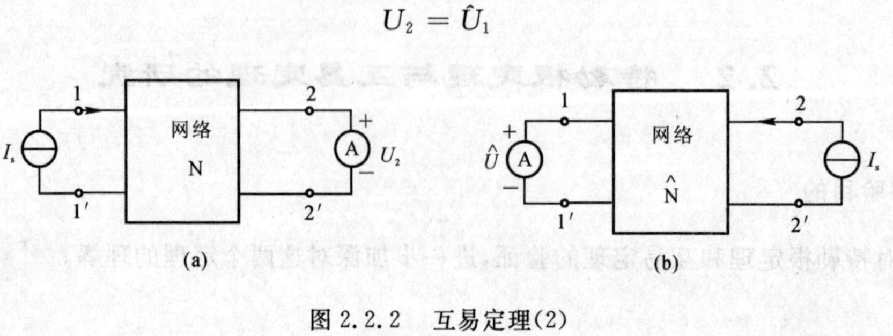

图 2.2.2　互易定理(2)

(3) 电流源 I_s 接入 1-1′ 端，在 2-2′ 端引起短路电流 I_2，如图 2.2.3(a) 所示，然后在2-2′ 端接入电压源 U_s，在 1-1′ 端引起开路电压 $\hat{U}_1$，如图 2.2.3(b) 所示。如果 I_s 和 U_s 在任何时间都相等(指波形相同、数值相等)，则有

$$I_2 = \hat{U}_1$$

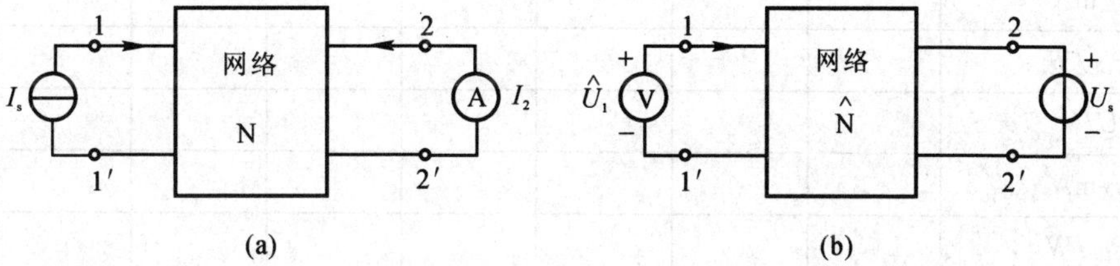

图 2.2.3　互易定理(3)

三、实验内容

1. 验证特勒根定理

(1) 实验电路如图 2.2.4 所示，其中 $I_s = 15$ mA，$E_1 = E_2 = 10$ V，$R_1 = R_3 = R_4 = 510\ \Omega$，$R_2 = 1\ \text{k}\Omega$，$R_5 = 330\ \Omega$。电压、电流取关联参考方向。测试各支路电压 U、电流 I，填入表 2.2.1 中，验证特勒根定理"内容一"(自行拟定支路序号)。

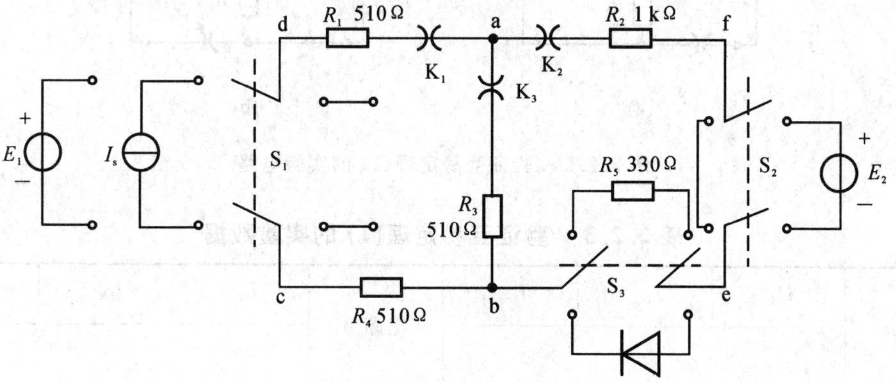

图 2.2.4　实验电路

表 2.2.1　验证特勒根定理"内容一"的实验数据

测量值＼支路	1	2	3	4	5	6	7	$\sum P$
U/V								
I/mA								
P/W								

(2) 图 2.2.4 所示电路中，$E_1 = 12$ V，$E_2 = 0$ V，用二极管 D 代替电阻 R_5，其余同(1)。测定各支路电压 $\hat{U}$、电流 $\hat{I}$，填入表 2.2.2 中，结合实验内容验证特勒根定理之(1) 的 U，I 数据，验证特勒根定理"内容二"。

表 2.2.2 验证特勒根定理"内容二"的实验数据

测量值 \ 支路	1	2	3	4	5	6	7	$\sum P$
U/V								
$\hat{I}$/mA								
$P_{U\hat{I}}$/W								
$\hat{U}$/V								
I/mA								
$P_{\hat{U}I}$/W								

2. 验证互易定理

(1) 实验线路如图 2.2.5 所示。$R_1 = 100\ \Omega$，$R_2 = 470\ \Omega$，$R_3 = 190\ \Omega$，$U_s = 10$ V，测量图 2.2.5(a)，(b) 所示的两电路各支路电流值，填入表 2.2.3 中。

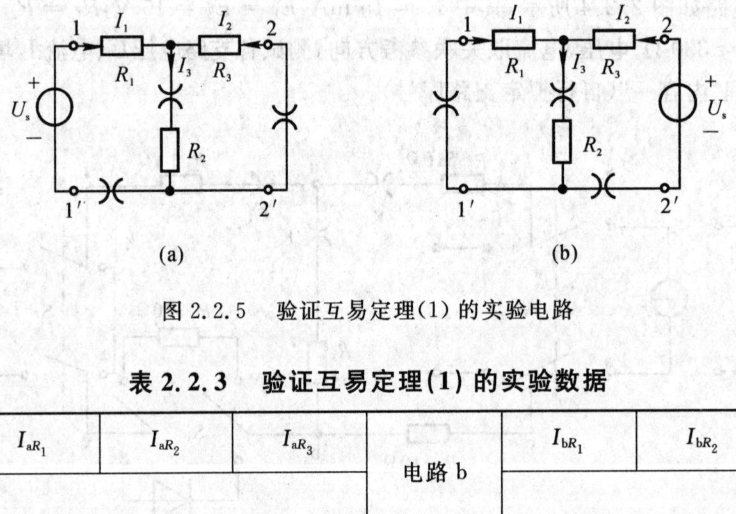

图 2.2.5 验证互易定理(1) 的实验电路

表 2.2.3 验证互易定理(1) 的实验数据

电路 a	I_{aR_1}	I_{aR_2}	I_{aR_3}	电路 b	I_{bR_1}	I_{bR_2}	I_{bR_3}

(2) 实验线路如图 2.2.6 所示。$R_1 = 100\ \Omega$，$R_2 = 470\ \Omega$，$R_3 = 190\ \Omega$，$I_s = 20$ mA，测量图 2.2.6(a)，(b) 所示两电路中端口的电压值，填入表 2.2.4 中。

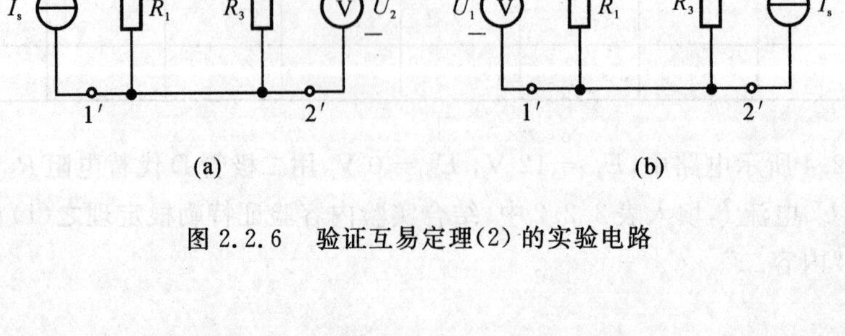

图 2.2.6 验证互易定理(2) 的实验电路

表 2.2.4　验证互易定理(2)的实验数据

电路 a	$U_{a(1-1')}$	$U_{a(2-2')}$	电路 b	$U_{b(1-1')}$	$U_{b(2-2')}$

四、预习与思考

(1) 阅读实验原理与说明，复习特勒根定理和互易定理，画出实验线路图、表格等。

(2) 如何判断含源支路的功率是发出还是接收？实验中是否有含源支路吸收功率？

五、实验报告要求

(1) 将所测数据代入式(2.2.1)、式(2.2.2)中，验证特勒根定理。

(2) 指出表 2.2.3 中哪两个电流互易，指出表 2.2.4 中哪两个电压互易，验证互易定理。

六、实验仪器

(1) 实验板或电路实验综合台挂箱；

(2) 直流稳压电源、直流电流源；

(3) 万用表、直流电流表；

(4) 电流插头、插座；

(5) 电阻。

2.3　耦合电感的研究

一、实验目的

(1) 理解两个线圈相对位置的改变，以及将不同材料插入线圈中对互感系数的影响。

(2) 掌握测定耦合电感同名端和互感系数的实验方法。

(3) 观察负载变化对初级线圈的影响。

二、实验原理

(1) 两个存在耦合(Coupled)的线圈(见图 2.3.1)中，当 L_1 线圈通有变化的电流时，在 L_2 线圈会有感应电压(Induction Voltage)，其大小为

$$u_2 = M\frac{\mathrm{d}i_1}{\mathrm{d}t} \tag{2.3.1}$$

若施加正弦电流，则有

$$U_2 = \mathrm{j}M\omega I_1 \tag{2.3.2}$$

式中，M 为互感系数，简称互感(Mutual Inductance)。互感的大小与线圈的物理结构、匝数、相对位置及介质材料有关。

感应电压的极性决定于两个线圈的绕向。可以用同名端(* 标端)的标记来识别。同名端的意义是：当两个端口的电流同时从同名端流入或流出时，两电流产生的磁通相互增强。从一

个线圈的同名端流入的电流在另一个线圈的同名端产生正的感应电压(互感电压)。

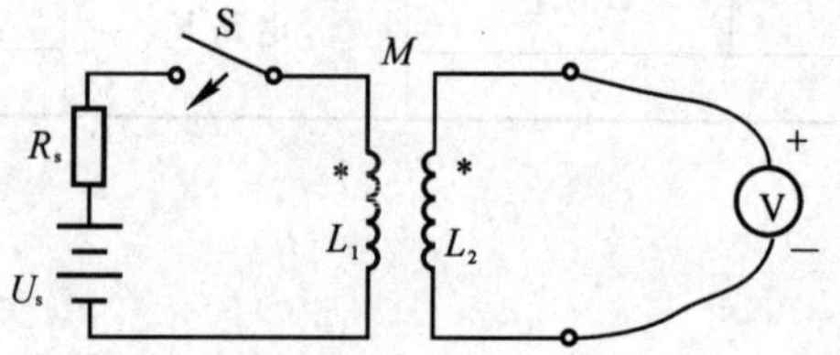

图 2.3.1　耦合线圈

(2) 实验中可采用以下方法判定同名端，测定互感系数。

1) 直流通断法：对于图 2.3.1 所示电路，在开关闭合的瞬间，若电压表正向偏转，则电源的正极与电压表正极所接的两个端子为同名端。

2) 给线圈 L_1 施加频率为 ω 的正弦激励，测出初级电流 I_1 和次级电压 U_2，由式(2.3.2)可计算出互感 M 的值，$M=\dfrac{U_2}{\omega I_1}$。

3) 用三表法和电桥法判定互感元件的同名端和测定系数可同时完成。首先将互感元件以图 2.3.2(a)，(b) 所示的两种方式串联，然后用三表法分别测量其等效电感。设 L_a 为图 2.3.2(a) 接法时的等效电感，L_b 为图 2.3.2(b) 接法时的等效电感。当 $L_a > L_b$ 时，表明图 2.3.2(a) 为正向串接(异名端相接)，此时磁通互感增强，等效电感(Equivalent Inductance) 为

$$L' = L_1 + L_2 + 2M$$

图 2.3.2(b) 为反向串接(同名端相接)，磁通部分抵消，等效电感为

$$L'' = L_1 + L_2 - 2M$$

端子 1 和端子 3 为同名端。若 $L_a < L_b$，则端子 1 和端子 4 为同名端，互感为

$$M = \frac{|L_a - L_b|}{4}$$

这种测量互感的方法称为等效电感法。

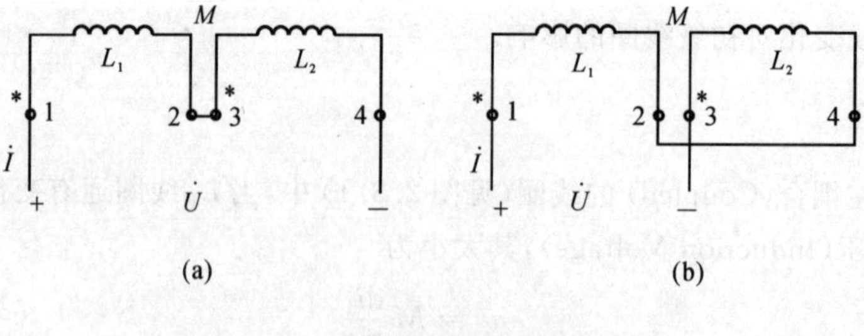

图 2.3.2　互感的正向串接与反向串接

(3) 次级回路有负载时，如图 2.3.3(a) 所示，负载接入对初级的影响相当于在初级增加一个反射复阻抗 $Z'\left(=\dfrac{(\omega M)^2}{Z_{22}}\right)$，如图 2.3.3(b) 所示。其中 $Z_{11}=R_1+j\omega L_1$，$Z_{22}=R_2+j\omega L_2+R_L+jX_L$。可见，当次级回路为感性时反射电抗呈容性，而次级回路为容性时反射电抗呈感性。

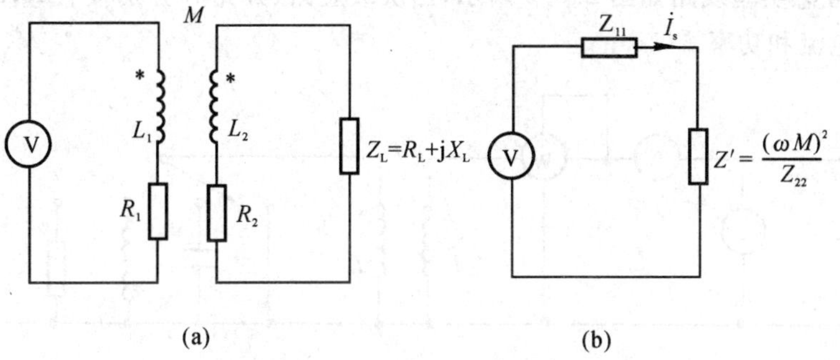

图 2.3.3　互感耦合特性的研究

(a) 接有负载的耦合电感电路；(b) 次级负载对初级的影响

三、实验内容

1. 观察线圈相对位置和介质材料对互感的影响

实验线路如图 2.3.4 所示。改变初、次级线圈之间的距离和角度，并在线圈内插入不同的介质材料，测量 U_1 和 U_2，记录于表 2.3.1 中，并计算对应的互感系数 M。

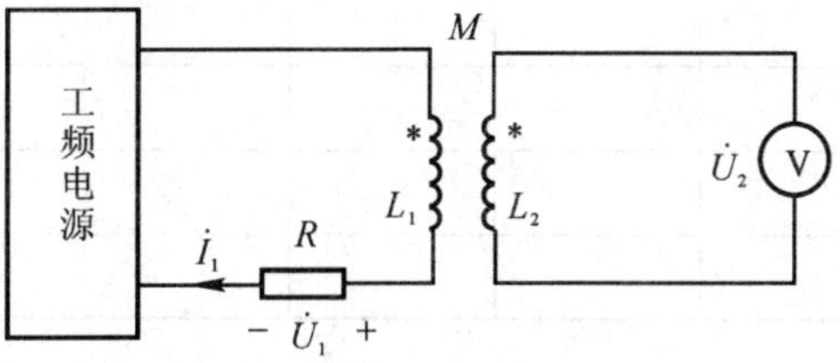

图 2.3.4　实验线路

表 2.3.1　($R =$ ______，$I_1 = U_1/R$)

相对位置		平行间距 15 cm		平行无间距		垂直无间距		次级套入初级		
介质变化		空心	磁棒	空心	磁棒	空心	磁棒	空心	铝棒	磁棒
测量值	U_1									
	U_2									
计算值	I_1									
	M									

2. 用直流通断法和电桥法确定同名端

3. 用等效电感法测量其等效电感

自拟表格，记录测量数据和计算数据。

4. 用三表法测定次级负载对初级的影响

(1) 分别测定初级、次级线圈的自阻抗。

(2) 测定互感。

(3) 连接互感实验线路如图 2.3.5 所示，当次级短路、开路和分别接有 R,L,C 时，用三表法测量电压、电流和功率。

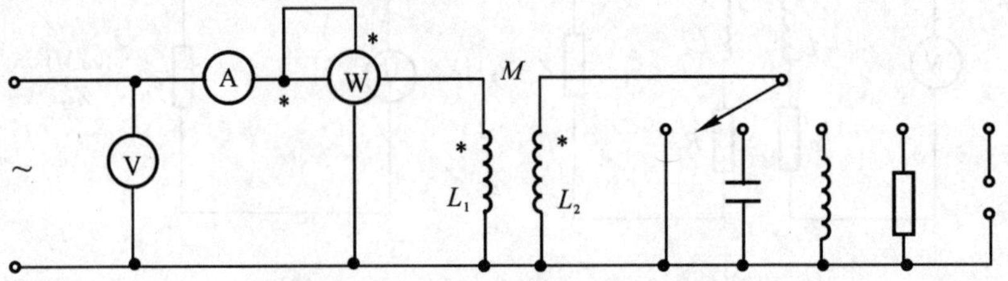

图 2.3.5　次级对初级回路的影响

(4) 参考示波器实验，用示波器观察初级电压和电流的波形，分析次级负载对初级的影响，将测量及计算数据记入表 2.3.2 中。

表　2.3.2

次级情况	测量数据			计算数据(初级)				
	U/V	I/A	P/W	$\lvert Z\rvert/\Omega$	λ	R/Ω	X/Ω	L/mH
开路								
接电容								
接电感								
接电阻								
短路								

四、预习与思考

(1) 用直流通断法判断同名端时，将开关闭合和断开，判断的结果是否一致？

(2) 定性分析两线圈的相对位置和介质变化对互感的影响。

(3) 熟悉实验任务中的各种实验线路，预习相关测量仪表的使用方法。

(4) 分析次级负载对初级的影响。

五、实验注意事项

(1) 同名端的判断，开关 K 瞬间闭合后，应该很快打开。

(2) 实验中的电流不要超过 1 A。

六、实验报告要求

(1) 解释实验内容 1 中所观察的互感现象，说明两线圈的相对位置、介质变化对互感所产生的影响。

(2) 完成表 2.3.1 和表 2.3.2 的计算工作，分析计算结论。

(3) 整理实验内容 1 的测量与计算数据，与实验内容 1 的计算值作比较。

(4) 根据实验结果，分析次级负载对初级的影响。

(5) 写出实验心得体会。

七、实验仪器

(1) 电感线圈或电路综合实验台挂箱;
(2) 交流电压表、交流电流表、功率表、直流电压表;
(3) 磁棒、铝棒;
(4) 直流电压源、示波器;
(5) 工频可调电源;
(6) QS18A 万能电桥。

2.4 受控源电路的研究

一、实验目的

(1) 加深对受控源的理解。
(2) 熟悉由运算放大器组成受控源电路的分析方法。
(3) 掌握受控源特性的测量方法。

二、实验原理与说明

1. 实验原理

受控源(Controlled Source)是双口元件,一个为控制端口,另一个为受控端口。受控端口的电流或电压,受到控制端口的电流或电压的控制。根据控制变量与受控源变量的不同组合,受控源可分为四类。

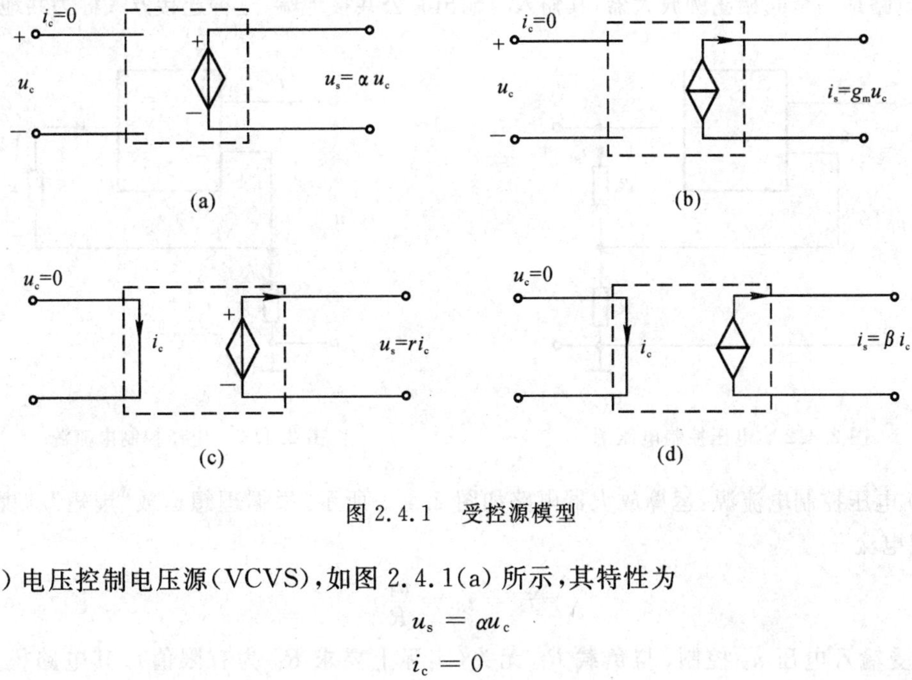

图 2.4.1 受控源模型

(1) 电压控制电压源(VCVS),如图 2.4.1(a) 所示,其特性为

$$u_s = \alpha u_c$$

$$i_c = 0$$

(2) 电压控制电流源(VCCS),如图 2.4.1(b) 所示,其特性为

$$i_s = g_m u_c$$

$$i_c = 0$$

(3) 电流控制电压源(CCVS),如图 2.4.1(c) 所示,其特性为

$$u_s = r i_c$$

$$u_c = 0$$

(4) 电流控制电流源(CCCS),如图 2.4.1(d) 所示,其特性为

$$i_s = \beta i_c$$

$$u_c = 0$$

2. 实验说明

用运算放大器(Operational Amplifiers) 与电阻元件组成不同的电路,可以实现上述四种类型的受控源。各电路分析如下:

(1) 电压控制电压源:运算放大器如图 2.4.2 所示。由运算放大器输入端"虚短"特性可知

$$u_+ = u_- = u_1$$

$$i_{R2} = \frac{u_1}{R_2}$$

由运算放大器的"虚断"特性可知

$$i_{R1} = i_{R2}$$

$$u_2 = i_{R1}R_1 + i_{R2}R_2 = \frac{u_1}{R_2}(R_1 + R_2) = \left(1 + \frac{R_1}{R_2}\right)u_1 = \alpha u_1$$

即运算放大器的输出电压 u_2 受输入电压 u_1 控制,其电路模型如图 2.4.1(a) 所示。转移电压比

$$\alpha = \left(1 + \frac{R_1}{R_2}\right)$$

该电路是一个同相比例放大器,其输入与输出有公共接地端,这种连接方式称为共地连接。

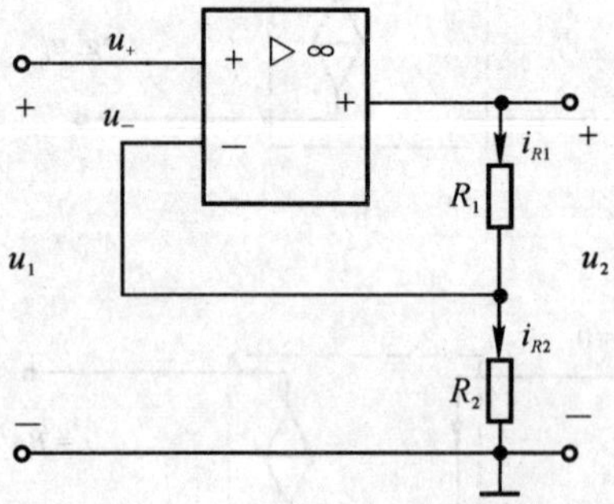

图 2.4.2 电压控制电压源

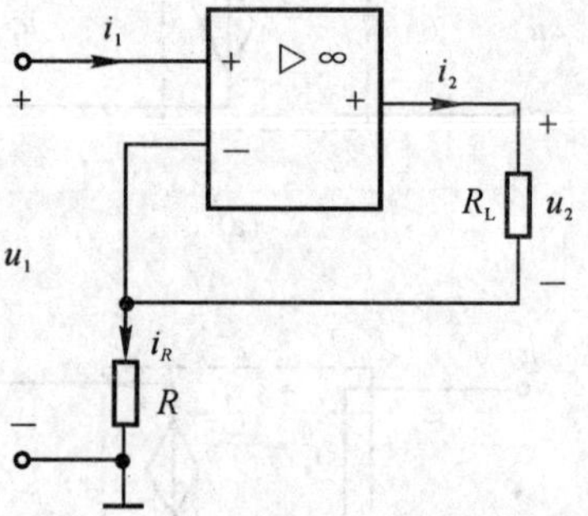

图 2.4.3 电压控制电流源

(2) 电压控制电流源:运算放大器电路如图 2.4.3 所示。根据理想运放"虚短"、"虚断"特性,输出电流

$$i_2 = i_R = \frac{u_1}{R}$$

即 i_2 只受输入电压 u_1 控制,与负载 R_L 无关(实际上要求 R_L 为有限值)。其电路模型如图

2.4.1(b) 所示。转移电导

$$g_m = \frac{i_2}{u_1} = \frac{1}{R}$$

该电路输入、输出无公共接地点，这种连接方式称为浮地连接(Floating Link)。

(3) 电流控制电压源：运算放大器如图 2.4.4 所示。根据理想运放“虚短”、“虚断”特性可推得

$$u_2 = -i_1 R$$

即输出电压 u_2 受输入电流 i_1 的控制。其电路模型如图 2.4.1(c) 所示。转移电阻

$$r = \frac{u_2}{i_1} = -R$$

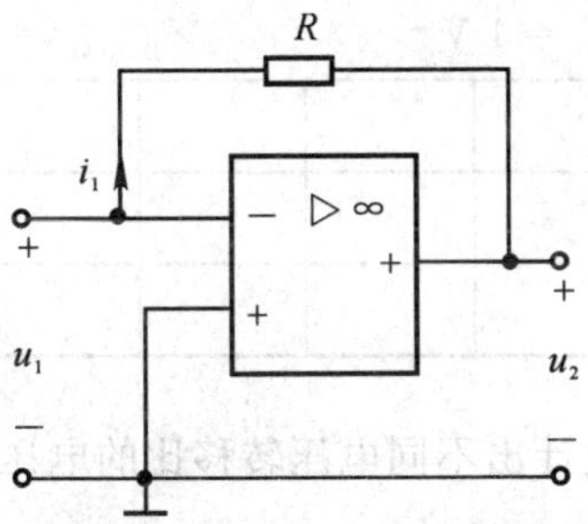

图 2.4.4 电流控制电压源

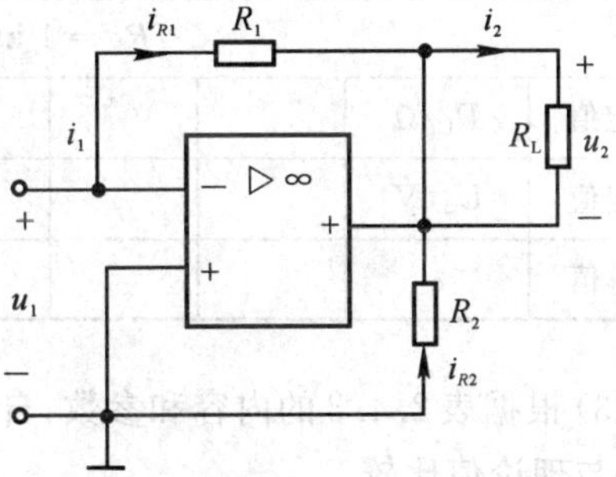

图 2.4.5 电流控制电流源

(4) 电流控制电流源：运算放大器电路如图 2.4.5 所示。由于正相输入端“+”接地，根据“虚短”、“虚断”特性可知，“−”端为虚地，电路中 a 点的电压

$$u_a = -i_{R1}R_1 = -i_1R_1 = -i_{R2}R_2$$

所以

$$i_{R2} = i_1 \frac{R_1}{R_2}$$

$$i_2 = i_{R1} + i_{R2} = i_1 + i_1 \frac{R_1}{R_2} = \left(1 + \frac{R_1}{R_2}\right) i_1$$

即输出电流 i_2 只受输入电流 i_1 的控制，与负载 R_L 无关，它的电路模型如图 2.4.5 所示。转移电流比

$$\beta = \frac{i_2}{i_1} = 1 + \frac{R_1}{R_2}$$

三、实验内容

1. 测试电压控制电压源特性

实验电路如图 2.4.6 所示。

(1) 根据表 2.4.1 中内容和参数，自行给定 U_1 值，测试 VCVS 的转移特性 $U_2 = f(U_1)$，计算 α 值，并与理论值比较。

表 2.4.1　VCVS 的转移特性

$R_1 = R_2 = 1\ \text{k}\Omega$										
给定值	U_1/V									
测定值	U_2/V									
计算值	α									

(2) 根据表 2.4.2 中的内容和参数，自行给定 R_L 值，测试 VCVS 的负载特性 $U_2 = f(R_L)$，计算 α 值，并与理论值比较。

表 2.4.2　VCVS 的负载特性 $U_2 = f(R_L)$

$R_1 = 1\ \text{k}\Omega$　$R_2 = 2\ \text{k}\Omega$　$U_1 = 1\ \text{V}$										
给定值	R_L/Ω									
测定值	U_2/V									
计算值	α									

(3) 根据表 2.4.3 的内容和参数，自行给定 R_L 值，设计出不同电压转移比的电压源，计算 α 值，并与理论值比较。

表 2.4.3　VCVS 不同电压转换比

$R_1 = 1\ \text{k}\Omega$　$R_2 = 2\ \text{k}\Omega$　$U_1 = 1\ \text{V}$										
给定值	R_2/Ω									
测定值	U_2/V									
计算值	α									

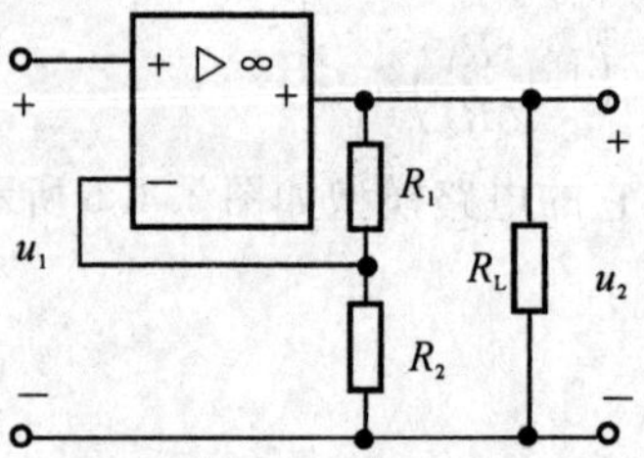

图 2.4.6　VCVS 测试电路

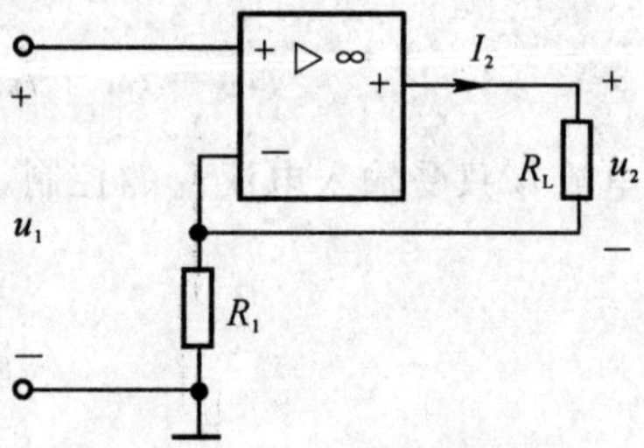

图 2.4.7　VCCS 测试电路

2. 测试电压控制电流源特性

实验电路如图 2.4.7 所示。

(1) 根据表 2.4.4 中内容，测试 VCCS 的转移特性 $I_2 = f(U_1)$，并计算 g_m 值。

(2) 根据表 2.4.5 中内容，测试 VCCS 的输出特性 $I_2 = f(U_L)$，并计算 g_m 值。

表 2.4.4 VCCS 的转移特性 $I_2 = f(U_1)$

$R_1 = 1\ \text{k}\Omega \quad R_L = 2\ \text{k}\Omega$

给定值	U_1/V									
测试值	I_2/mA									
计算值	g_m									

表 2.4.5 VCCS 的输出特性 $I_2 = f(U_L)$

$R_1 = 2\ \text{k}\Omega \quad U_1 = 1\ \text{V}$

给定值	R_L/Ω									
测试值	I_2/mA									
计算值	g_m									

3. 测试电流控制电压源特性

实验电路如图 2.4.8 所示。

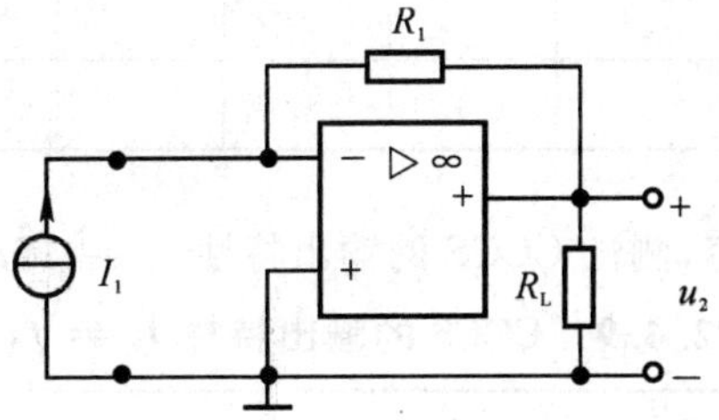

图 2.4.8 CCVS 测试电路

(1) 根据表 2.4.6 中内容，测试 CCVS 的转移特性 $U_2 = f(I_1)$，并计算 r 值。

表 2.4.6 CCVS 的转移特性 $U_2 = f(I_1)$

$R_1 = 1\ \text{k}\Omega \quad R_L = 2\ \text{k}\Omega$

给定值	I_1/mA									
测试值	U_2/V									
计算值	r/Ω									

(2) 根据表 2.4.7 中内容，测试 CCVS 的输出特性 $U_2 = f(R_L)$，并计算 r 值。

表 2.4.7 CCVS 的输出特性 $U_2 = f(R_L)$

$R_1 = 2\ \text{k}\Omega \quad I_1 = 1.5\ \text{mA}$

给定值	R_L/Ω									
测试值	U_2/V									
计算值	r/Ω									

4. 测试电流控制电流源特性

实验电路如图 2.4.9 所示。

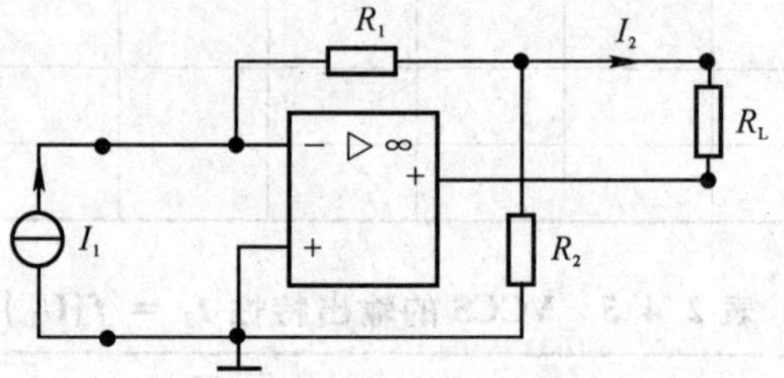

图 2.4.9 CCCS 测试电路

(1) 根据表 2.4.8 中内容，测试 CCCS 的转移特性 $I_2 = f(I_1)$，并计算 β 值。

表 2.4.8 CCCS 的转移特性 $I_2 = f(I_1)$

$R_1 = 1\ \text{k}\Omega \quad R_2 = 2\ \text{k}\Omega \quad R_L = 2\ \text{k}\Omega$

给定值	I_1/mA									
测试值	I_2/mA									
计算值	β									

(2) 根据表 2.4.9 中内容，测试 CCCS 的输出特性 $I_2 = f(R_L)$，并计算 β 值。

表 2.4.9 CCCS 的输出特性 $I_2 = f(R_L)$

$R_1 = 2\ \text{k}\Omega \quad R_2 = 1\ \text{k}\Omega \quad I_1 = 0.5\ \text{mA}$

给定值	R_L/Ω									
测试值	I_2/mA									
计算值	β									

四、预习与思考

(1) 复习有关受控源的知识，阅读实验原理与说明，熟悉实验中用到的实验仪器的使用方法。

(2) 在测试四种受控源性能时，是否出现其转移特性或输出特性与理论值不符的现象？请给予解释。

(3) 在有源电路实验中，影响测试精度的主要原因有哪些？

五、实验注意事项

(1) 运算放大器输出端不能与地短路，输入端电压不宜过高(小于 5 V)，输入电流不能过大，应在几十至几百微安之间。

(2) 运算放大器应有电源(±12 V 或 ±15 V) 供电，其正、负极性和管脚不能接错。

六、实验报告要求

(1) 简述实验原理、实验目的，画出实验电路图，整理实验数据。
(2) 用所测数据计算各受控源系数，并与理论值比较，分析误差原因。
(3) 总结运算放大器的特点，以及你对此实验的体会。

七、实验仪器

(1) 双路稳压电源(±12 V 以上)、可调电压源；
(2) 可调电流源(或由可调电压源串联电阻实现)；
(3) 直流电压表、毫安级电流表；
(4) 运算放大器实验板或 HIT—601 电路理论综合实验台有关部分设备；
(5) 十进制式电阻箱。

2.5　无源滤波器和有源滤波器的研究

一、实验目的

(1) 对比研究无源滤波器和有源滤波器的特性。
(2) 测量有源滤波器的幅频特性。
(3) 分析、观察方波信号通过带通滤波器的响应。

二、实验原理

(1) 通常情况下，滤波器(Filters) 指的是对信号频率有选择性的二端网络，它允许某些频率(频带) 的信号通过，而其他频率的信号受到衰减或抑制。这些二端网络可以是由 R,L,C 元件构成的无源网络，或者是由 R,C 和有源器件构成的网络。常见滤波器的类型有低通滤波器、高通滤波器、带阻滤波器、带通滤波器等，它们在电工技术领域中得到广泛的应用。

(2) 频率特性是衡量滤波器性能的重要标志。图 2.5.1 中二端网络输出与输入的关系，可用网络函数

$$H(\mathrm{j}\omega)=\frac{\dot{U}_2}{\dot{U}_1}=|H(\mathrm{j}\omega)|\angle\theta(\omega)$$

来描述。网络函数的模 $|H(\mathrm{j}\omega)|$ 为输出信号和输入信号的幅值(最大值) 比，它与频率的关系称为幅频特性；其幅角 $\theta(\omega)$ 为输出信号与输入信号的相角差，它与频率的关系称为相频特性。幅频特性和相频特性统称为电路的频率响应(Frequency Response)。

低通滤波器允许通过低频信号，而衰减或抑制高频信号。理想低通滤波器的幅频特性如图 2.5.2 中的虚线所示，图中的实线为实际低通滤波器的幅频特性，频率 ω_c 称为截止频率(Cutoff Frequeucy)。实际低通滤波器的截止频率表示随着频率的增加，输出幅值下降到某一定值时所对应的频率。

1) 图 2.5.3 为无源低通滤波器，其网络函数为

$$H(\mathrm{j}\omega)=\frac{\dot{U}_2}{\dot{U}_1}=\frac{1}{1-\omega^2R^2C^2+\mathrm{j}3\omega RC}$$

其模为
$$H(j\omega)=\frac{1}{\sqrt{(1-\omega^2R^2C^2)^2+9\omega^2R^2C^2}}$$

可见，模随频率的增加而减少，说明低频信号可以通过，高频信号被衰减或抑制。当 $\omega_c=\frac{1}{RC}$ 时，对应的模 $|H(j\omega)|=\frac{1}{3}$。

图 2.5.1

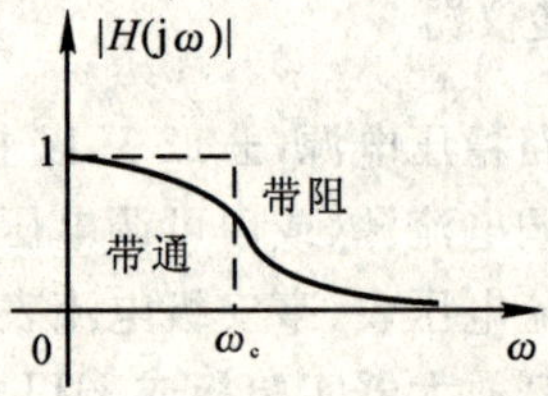

图 2.5.2

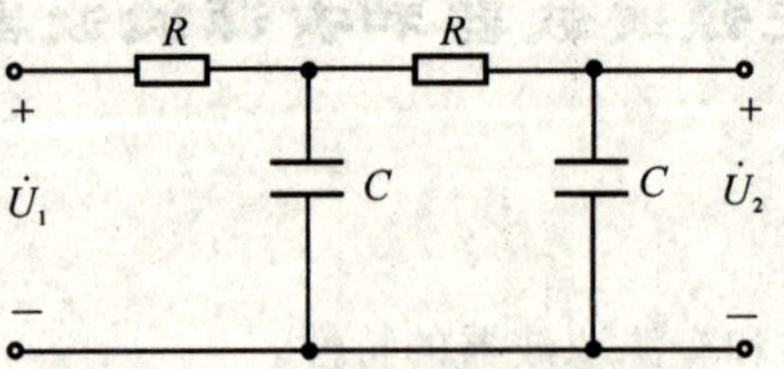

图 2.5.3　无源低通滤波器

2）将上述无源低通滤波器和一个运算放大器组合，可以构成一个电压放大系数的电压控制型低通滤波器，如图 2.5.4(a) 所示。图 2.5.4(b) 为它的电路模型。

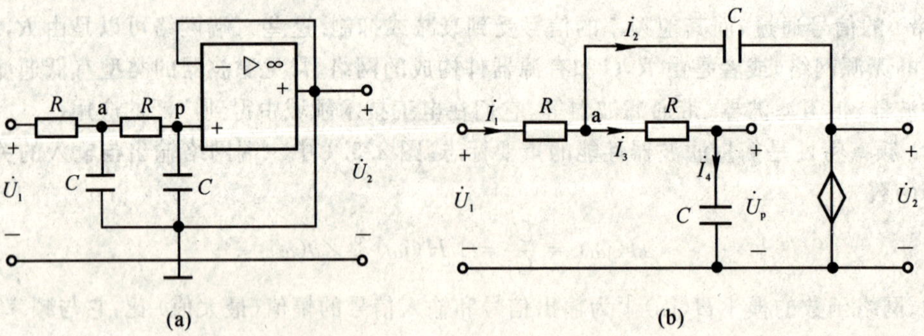

图 2.5.4　电压控制型低通滤波器

对图 2.5.4 的电路，可以列出网络方程为
$$\frac{\dot{U}_1-\dot{U}_a}{R}=\frac{\dot{U}_a-\dot{U}_2}{\frac{1}{j\omega C}}+\frac{\dot{U}_a-\dot{U}_p}{R}$$
$$\frac{\dot{U}_a-\dot{U}_p}{R}=\frac{\dot{U}_p}{\frac{1}{j\omega C}}$$

且　$$\dot{U}_p = \dot{U}_2$$

由此可以得网络函数为

$$H(j\omega) = \frac{\dot{U}_2}{\dot{U}_1} = \frac{1}{1-\omega^2R^2C^2+j2\omega RC}$$

其模为
$$|H(j\omega)| = \frac{1}{\sqrt{(1-\omega^2R^2C^2)^2+4\omega^2R^2C^2}}$$

当 $\omega_c = \frac{1}{RC}$ 时，对应的模 $|H(j\omega)| = \frac{1}{2}$。与上述无源情况比较，在 ω_c 附近，随着频率的增高，信号衰减得较快。可见有源元件的引入，改善了低通滤波器的滤波特性。

(3) 高通滤波器允许通过高频信号，而衰减或抑制低频信号，理想的和实际的高通滤波器幅频特性分别如图 2.5.5 中的虚线和实线所示，频率 ω_c 也称为截止频率(Cutoff Frequency)。实际高通滤波器的截止频率表示随着频率的降低，输出幅值下降到某一定值时所对应的频率。

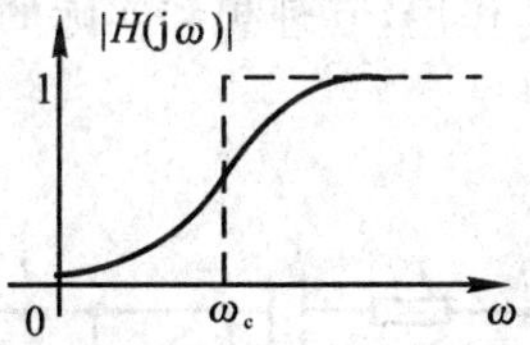

图　2.5.5

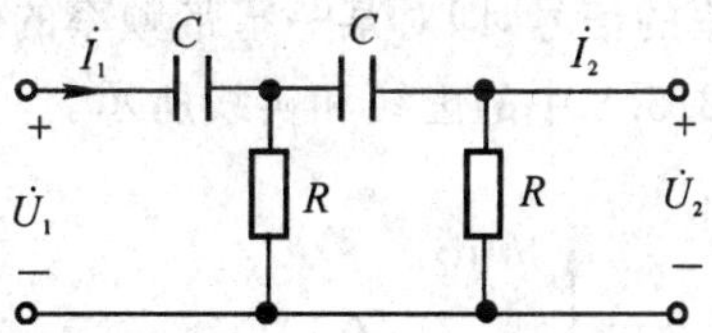

图　2.5.6

1) 图 2.5.6 为 RC 无源高通滤波器，其网络函数为

$$H(j\omega) = \frac{1}{1-\frac{1}{\omega^2R^2C^2}-j\frac{3}{\omega RC}}$$

其模为
$$|H(j\omega)| = \frac{1}{\sqrt{\left(1-\frac{1}{\omega^2R^2C^2}\right)^2+\frac{9}{\omega^2R^2C^2}}}$$

可见，模随着频率的降低而减小，说明高频信号可以通过，低频信号被衰减或抑制。当 $\omega = \frac{1}{RC}$ 时，对应的模为 $|H(j\omega)| = \frac{1}{3}$。

2) 将上述无源高通滤波器和一个运算放大器组合起来，也可以构成一个电压控制型高通滤波器，其电路与电路模型分别如图 2.5.7(a)，(b) 所示。

采用和有源低通滤波器同样的方法，可得出有源高通滤波器的网络函数为

$$H(j\omega) = \frac{\dot{U}_2}{\dot{U}_1} = \frac{1}{1-\frac{1}{\omega^2R^2C^2}-j\frac{2}{\omega RC}}$$

$$|H(j\omega)| = \frac{1}{\sqrt{\left(1-\frac{1}{\omega^2R^2C^2}\right)^2+\frac{4}{\omega^2R^2C^2}}}$$

当 $\omega_c = \frac{1}{RC}$ 时，对应的模为 $|H(j\omega_c)| = \frac{1}{2}$。与无源情况比较，可知有源情况下，随着频率增加，其模增大较快。可见有源元件的引入，改善了高通滤波器的滤波特性。

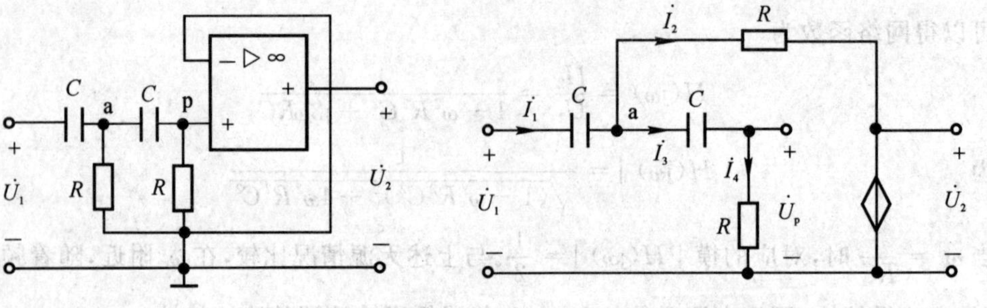

(a) (b)

图 2.5.7 电压控制型高通滤波器电路及其模型

(4) 带通滤波器允许以频率 ω_0（$\omega_0 \neq 0$）为中心，频率范围为 B 的信号通过，而衰减或拟制其他频率的信号，即对某一窄带频率的信号具有选频通过的作用，其理想和实际的幅频特性分别如图 2.5.8 中的虚线和实线所示。

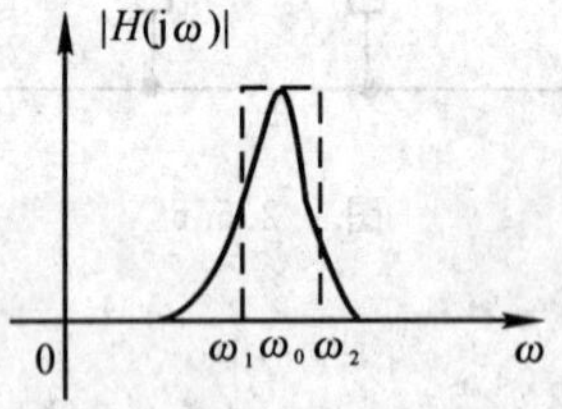

图 2.5.8

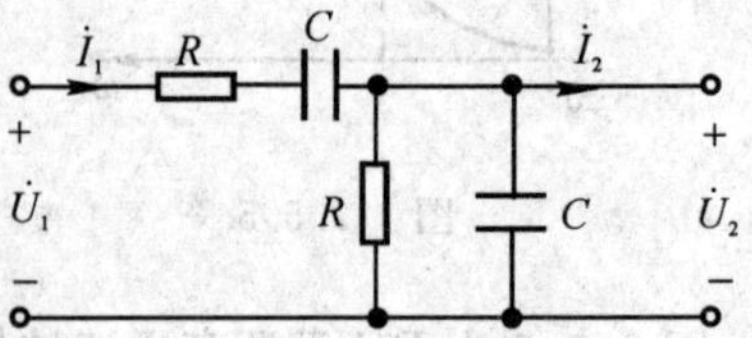

图 2.5.9

1) 图 2.5.9 所示的文氏电桥电路是一个无源带通滤波器，其网络函数为

$$H(\mathrm{j}\omega)=\frac{U_2}{U_1}=\frac{1}{3+\mathrm{j}\left(\omega RC-\dfrac{1}{\omega RC}\right)}$$

其模为

$$|\ H(\mathrm{j}\omega)\ |=\frac{1}{\sqrt{9+\left(\omega RC-\dfrac{1}{\omega RC}\right)^2}}$$

当信号频率 $\omega_0=\dfrac{1}{RC}$ 时，对应的模为最大，信号频率偏离越远，信号被衰减和阻塞越厉害。

2) 文氏电桥电路也可以和运算放大电路构成电压控制型带通滤波器，如图 2.5.10 所示。电压控制型电压源放大系数 $\mu=1+\dfrac{R_1}{R_2}=2$，求得网络函数为

$$H(\mathrm{j}\omega)=\frac{2}{1+\mathrm{j}\left(\omega RC-\dfrac{1}{\omega RC}\right)}$$

其模为 $$|\ H(\mathrm{j}\omega)\ |=\frac{1}{\sqrt{\dfrac{1}{4}+\dfrac{1}{4}\left(\omega RC-\dfrac{1}{\omega RC}\right)^2}}$$

当 $\omega_0=\dfrac{1}{RC}$ 时，$|H(j\omega)|=2$ 为最大，和无源情况相比，显然在 ω_0 附近，频率变化 $\Delta\omega$ 时，信号幅值衰减得更厉害，从而使滤波特性得到改善。

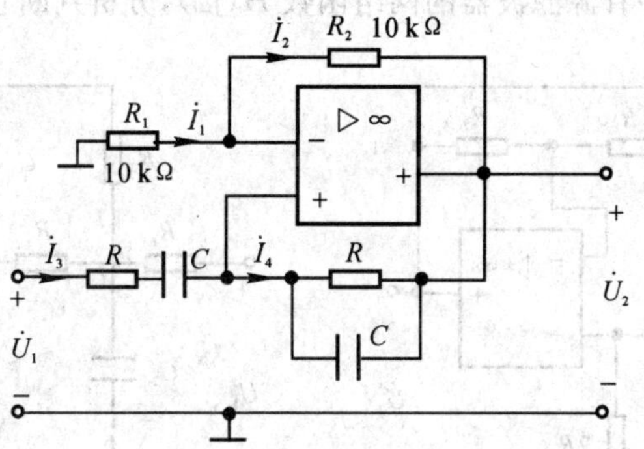

图　2.5.10

(5) 对于一个周期为 T 的非正弦信号 $f(t)$，利用傅里叶变换，可以分解为一系列不同频率的滤波分量，即

$$f(t)=\frac{A_0}{2}+\sum_{n=1}^{\infty}A_n\cos(n\omega_1 t+\theta_n)$$

式中，$\dfrac{A_0}{2}$ 是 $f(t)$ 的直流分量；ω_1 为基波频率。直流分量 $\dfrac{A_0}{2}$ 及各次谐波的系数 A_n 等均可计算。

借助于各种类型的滤波器，可以对非正弦信号进行定性的和定量的实验分析。例如，若将一非正弦信号输入到一个截止频率为非正弦基波频率的低通滤波器（或者是中心频率为非正弦基波频率的带通滤波器）中，则滤波器的输入就是一个近似的正弦基波信号。采用一个中心频率可调、最大幅值比为 1 的带通滤波器，还可以对非正弦信号的各次谐波进行定量的测定。

三、实验内容

(1) 分别测量有源低通滤波器、高通滤波器、带通滤波器的幅频特性曲线。

(2) 观察方波信号通过带通滤波器的响应。

1) 调节方波信号发生器，使其周期为 0.628 ms，幅值为 2 V。

2) 将该方波信号发生器接入有源滤波器，用示波器观察输入、输出波形。

本实验线路见本节第二部分“实验原理”，R 取 1 kΩ，C 取 0.1 μF，实验步骤和记录表格自拟。

四、实验注意事项

(1) 运算放大器的 ±15 V 电源不得接错，以免损坏运算放大器。

(2) 实验中，作受控源的运算放大器输出端不能与地端短接。

(3) 实验电路确认无误后，方可接通运算放大器的供电电源，每次在运算放大器外部连接电路元件时，必须事先断开供电电源。

(4) 测量有源滤波器的幅频特性时，要保证信号源输出电压的波形不失真。

(5) 为使实验顺利进行，课前应对实验内容作认真预习。

五、思考题

(1) 推导图 2.5.10 所示电路的网络函数 $H(j\omega)$。

(2) 求出图 2.5.11 中有源滤波器的网络函数 $H(j\omega)$，分析判断它们是哪些类型的滤波器。

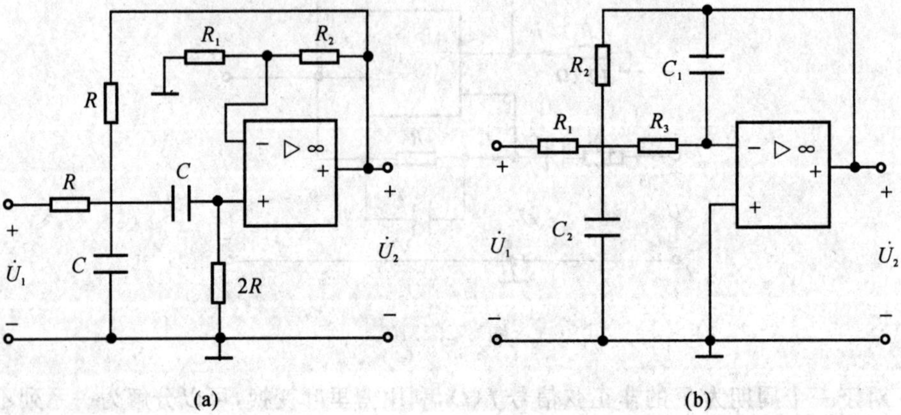

图　2.5.11

六、实验报告要求

(1) 根据实验数据，绘制出有源滤波器的幅频特性曲线。

(2) 分析实验内容(2) 的响应波形。

(3) 回答思考题。

七、实验仪器

(1) 示波器；

(2) 毫伏级电压表；

(3) 正弦信号发生器；

(4) 方波信号发生器；

(5) 运算放大器用直流电源；

(6) 面包板、运算放大器、导线；

(7) 电阻；

(8) 电容。

2.6　二阶电路的响应与状态轨迹的研究

一、实验目的

(1) 研究串联电路对应的二阶微分方程的解的类型特点及其与元件参数的关系。

(2) 观察并描述方波响应时的状态轨迹。

二、实验原理

(1) 凡是可用二阶微分方程描述的电路称为二阶电路。图 2.6.1 所示的线性 RLC 串联电路为一个典型的二阶电路(Second-order Circuit)(图中 U_s 为直流电压源),它可以用下述二阶常系数微分方程来描述：

$$LC\frac{d^2u_C}{dt^2}+RC\frac{du_C}{dt}+u_C=U_s$$

初始值为

$$u_C(0_-)=U_0$$

$$\left.\frac{du_C(t)}{dt}\right|_{t=0_-}=\frac{i_L(0_-)}{C}=\frac{I_0}{C}$$

求解微分方程,可以得出电容上的电压 $u_C(t)$。再根据

$$i_C(t)=C\frac{du_C(t)}{dt}$$

求得 $i_C(t)$。

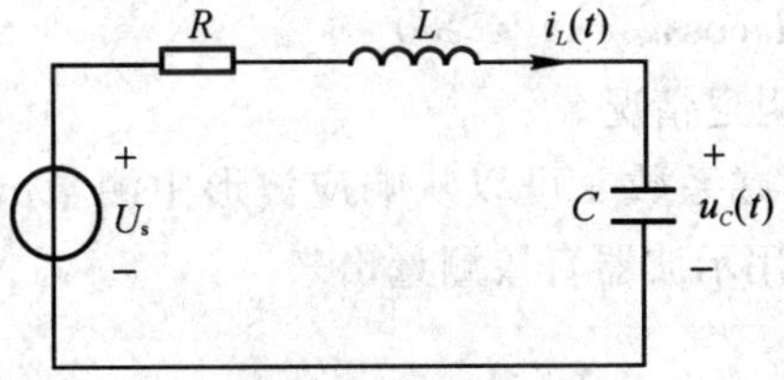

图 2.6.1

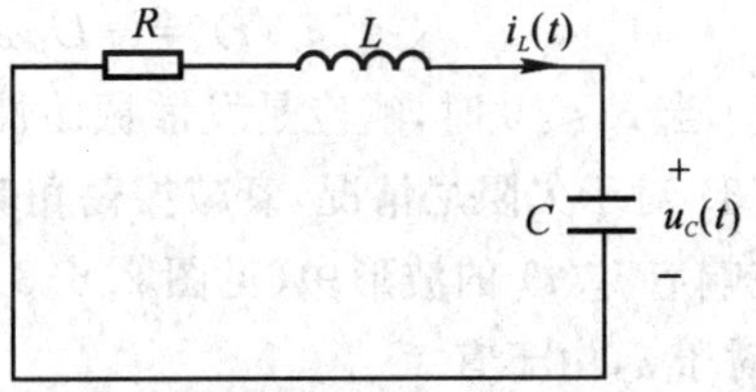

图 2.6.2

(2)RLC 串联电路零输入响应(见图 2.6.2)的类型与元件参数有关。设电容上的初始端电压 $u_C(0_-)$ 为 U_0,流过电感的初始电流 $i_L(0_-)$ 为 I_0,定义衰减系数(阻尼系数)$\alpha=\frac{R}{2L}$,谐振角频率为 $\omega_0=\frac{1}{\sqrt{LC}}$,则有:

1) 当 $\alpha>\omega_0$,即 $R>2\sqrt{\frac{L}{C}}$ 时,响应是非振荡性的,称为过阻尼情况。响应为

$$u_C(t)=\frac{U_0}{S_1-S_2}(S_1e^{S_2t}-S_2e^{S_1t})+\frac{I_0}{(S_1-S_2)C}(e^{S_1t}-e^{S_2t})\qquad t\geqslant 0$$

$$i_L(t)=U_0\frac{S_1S_2C}{S_1-S_2}(e^{S_2t}-e^{S_1t})+\frac{I_0}{(S_1-S_2)}(S_1e^{S_1t}-S_2e^{S_2t})\qquad t\geqslant 0$$

式中,S_1, S_2 是微分方程的特征根,分别为

$$S_1=-\alpha+\sqrt{\alpha^2-\omega_0^2}$$

$$S_2=-\alpha-\sqrt{\alpha^2-\omega_0^2}$$

2) 当 $\alpha=\omega_0$,即 $R=2\sqrt{\frac{L}{C}}$ 时,响应临近振荡,成为临界阻尼情况。响应为

$$u_C(t)=U_0(1+\alpha t)e^{-\alpha t}+\frac{I_0}{C}te^{-\alpha t}\qquad t\geqslant 0$$

$$i_L(t) = -U\alpha^2 Ct e^{-\alpha t} + I_0(1-\alpha t)e^{-\alpha t} \qquad t \geqslant 0$$

3) 当 $\alpha < \omega_0$，即 $R < 2\sqrt{\frac{L}{C}}$ 时，响应是振荡性的，其衰减振荡角频率

$$\omega_d = \sqrt{\omega_0^2 - \alpha^2} = \sqrt{\frac{1}{LC} - \frac{R^2}{4L^2}}$$

响应为

$$u_C(t) = U_0 \frac{\omega_0}{\omega_d} e^{-\alpha t}\cos(\omega_d t - \theta) + \frac{I_0}{\omega_d C} e^{-\alpha t}\sin\omega_d t \qquad t \geqslant 0$$

$$i_L(t) = U_0 \frac{\omega_0^2 C}{\omega_d} e^{-\alpha t}\sin\omega_d t + I_0 \frac{\omega_0}{\omega_d} e^{-\alpha t}\cos(\omega_d t + \theta) \qquad t \geqslant 0$$

式中

$$\theta = \arcsin\frac{\alpha}{\omega_0}$$

4) 当 $R = 0$ 时，响应是等幅振荡性的，称为无阻尼情况。等幅振荡角频率即为谐振角频率，响应为

$$u_C(t) = U_0\cos\omega_0 t + \frac{I_0}{\omega_0 C}\sin\omega_0 t \qquad t \geqslant 0$$

$$i_L(t) = -U_0\omega_0 C\sin\omega_0 t + I_0\cos\omega_0 t \qquad t \geqslant 0$$

5) 当 $R < 0$ 时，响应是发散振荡性的，称为负阻尼情况。

(3) 对于欠阻尼情况，衰减振荡角频率 ω_d 和衰减系数 α 可以从响应波形中测量出来。例如，在响应 $i_L(t)$ 的波形中(见图 2.6.3)，ω_d 可以利用示波器直接测量出来。

对于 α，由于有

$$i_{1m} = Ae^{-\alpha t_1}$$

$$i_{2m} = Ae^{-\alpha t_2}$$

故

$$\frac{i_{2m}}{i_{1m}} = e^{-\alpha(t_2 - t_1)}$$

显然，$(t_2 - t_1)$ 为周期，即

$$T_d = \frac{2\pi}{\omega_d}$$

所以

$$\alpha = \frac{1}{T_d}\ln\frac{i_{1m}}{i_{2m}}$$

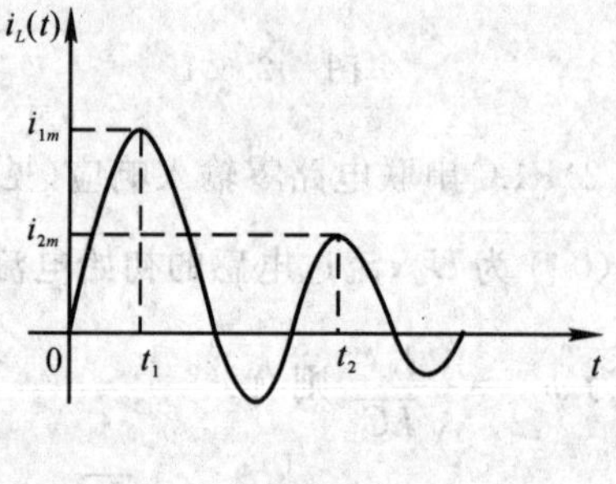

图 2.6.3

(4) 对于图 2.6.1 所示的电路，也可以用两个一阶方程的联立即状态方程来求解，即

$$\frac{du_C(t)}{dt} = \frac{i_L(t)}{C}$$

$$\frac{di_L(t)}{dt} = \frac{-u_C(t)}{L} - \frac{Ri_L(t)}{L} + \frac{U_s}{L}$$

初始值为

$$u_C(0_-) = U_0 \qquad i_L(0_-) = I_0$$

式中，$u_C(t)$ 和 $i_L(t)$ 为状态变量，对于所有 $t \geqslant 0$ 的不同时刻，由状态变量在状态平面上所确定的点的集合，就叫做状态轨迹。

示波器置于 X-Y 工作方式，当 Y 轴输入 $u_C(t)$ 波形，X 轴输入 $i_L(t)$ 波形时，适当调节 X

轴和 Y 轴幅值，即可在荧光屏上显现出状态轨迹(State Track) 的图形，如图 2.6.4 所示。

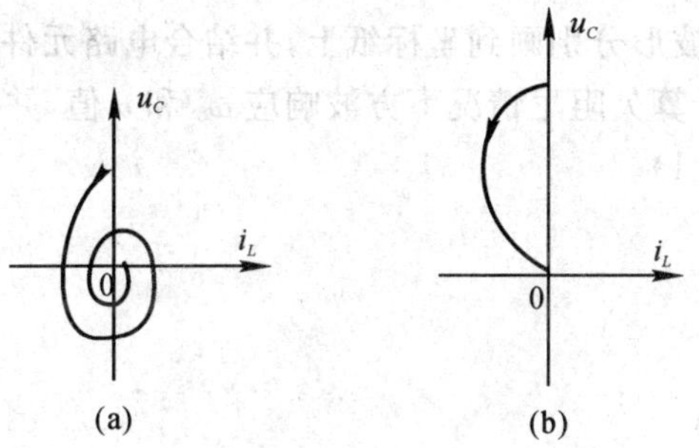

图　2.6.4

(a) 零输入欠阻尼；(b) 零输入过阻尼

三、实验内容

(1) 观察并描述 RLC 串联电路的方波响应 $u_C(t)$，$i_L(t)$。按图 2.6.5 接线，方波信号发生器的输出为 5 V，周期调为 2 ms，取 $R_1 = 6.8\ \mathrm{k\Omega}$(电位器)，取样电阻 $r = 20\ \Omega$，$L = 2.5$ mH(电感电阻 $R_L = 17\ \Omega$)，$C = 0.01\ \mu\mathrm{F}$。调节电阻 R_1，分别观察欠阻尼、临界阻尼和过阻尼情况下的 $u_C(t)$ 和 $i_L(t)$ 波形，并做记录(记录总电阻)。

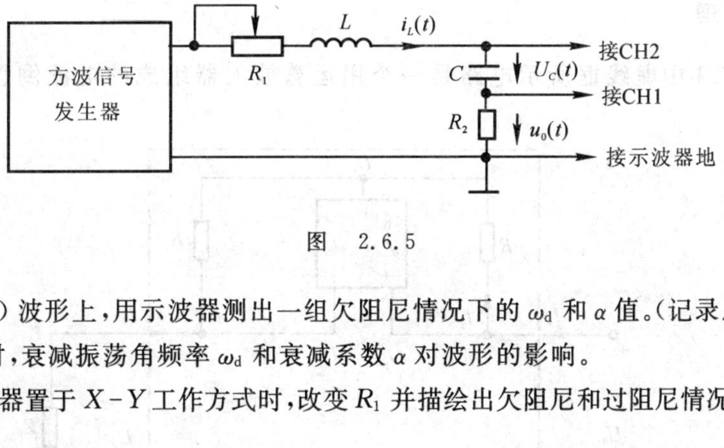

图　2.6.5

(2) 从 $i_L(t)$ 波形上，用示波器测出一组欠阻尼情况下的 ω_d 和 α 值。(记录总电阻) 并注意观察电阻改变时，衰减振荡角频率 ω_d 和衰减系数 α 对波形的影响。

(3) 将示波器置于 $X-Y$ 工作方式时，改变 R_1 并描绘出欠阻尼和过阻尼情况下的状态轨迹。

四、实验注意事项

(1) 在观察 $u_C(t)$ 和 $i_L(t)$ 波形时，由于其幅值相差较大，因此要注意调节 Y 轴的灵敏度。

(2) 对于回路的总电阻，要考虑到电感的电阻 R_L 和电流取样电阻 r。

五、预习与思考

(1) 当 RLC 电路处于过阻尼情况时，若再增加回路的电阻 R，对过渡过程有何影响？当电路处于欠阻尼情况时，若再减小回路的电阻 R，对过渡过程有何影响？为什么？在什么情况下电路达到稳态的时间最短？

(2) 不做实验，能否根据欠阻尼情况下的 $u_C(t)$ 和 $i_L(t)$ 的波形定性地画出某状态轨迹？

六、实验报告要求

(1) 把观察到的各个波形分别画到坐标纸上,并结合电路元件的参数加以讨论。

(2) 根据实验参数,计算欠阻尼情况下方波响应 ω_d 和 α 值,并与实际测量数据相比较。

(3) 回答预习与思考(1)。

七、实验仪器

(1) 示波器;

(2) 方波信号发生器;

(3) 二阶电路实验板。

2.7 负阻抗变换器及应用

一、实验目的

(1) 获得负阻器件的感性认识。

(2) 预习和了解负阻抗变换器(INIC) 的一些特性,扩展电路研究的领域。

(3) 巩固和提高实验基本技能。

二、实验原理

(1) 图 2.7.1 中虚线框所示电路是一个用运算放大器组成的电流倒置型负阻抗变换器(INIC)。

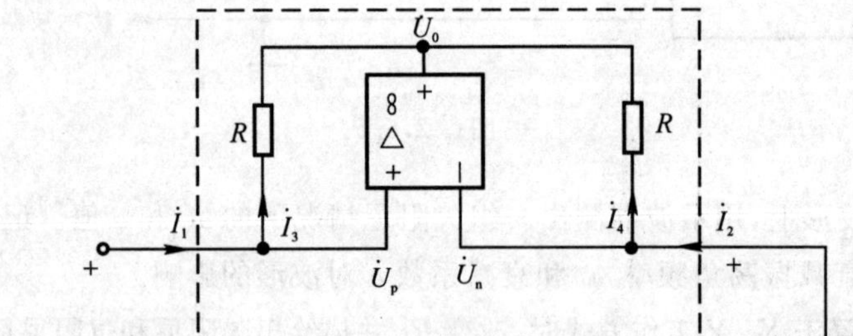

图 2.7.1

设运算放大器是理想的,故有 $\dot{U}_p = \dot{U}_n$,即 $\dot{U}_1 = \dot{U}_2$,则运算放大器输出端电压为

$$\dot{U}_o = \dot{U}_1 - \dot{I}_3 R = \dot{U}_2 - \dot{I}_4 R$$

所以
$$\dot{I}_3 = \dot{I}_4$$

但因
$$\dot{I}_1 = \dot{I}_3 \qquad \dot{I}_2 = \dot{I}_4$$

故
$$\dot{I}_1 = \dot{I}_2$$

又由负载端电压和电流的参考方向，有

$$\dot{I}_2=-\frac{\dot{U}_2}{Z_L}$$

因此，整个电路的输入阻抗为

$$Z_{in}=\frac{\dot{U}_1}{\dot{I}_1}=\frac{\dot{U}_2}{\dot{I}_2}=-Z_L$$

可见，这个电路的输入阻抗为负载阻抗的负值，简称负阻元件。

(2) 在图 2.7.1 中，若 Z_L 为一个纯线性电阻元件 R，则阻抗变换器输入端就等效为一个纯负电阻元件(Negative Resistance Elements)，负电阻用“$-R$”来表示(见图 2.7.2(a))。其特性曲线在 u-i 平面上为一条通过原点且处于二、四象限的直线，如图 2.7.2(b) 所示。当输入电压 u_1 为正弦信号时，输入电流与端电压相位反相，如图 2.7.3 所示。

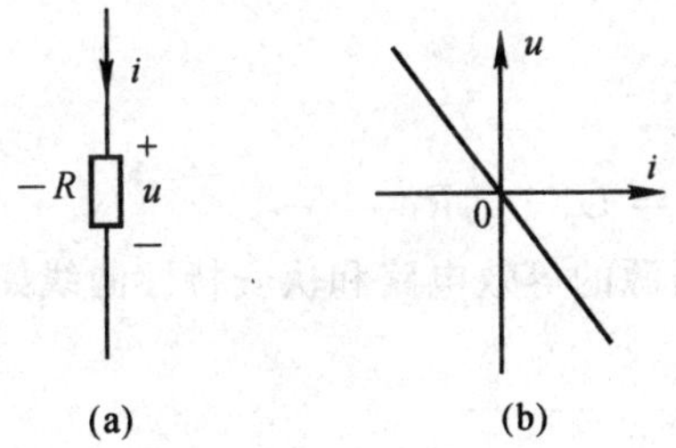

图　2.7.2

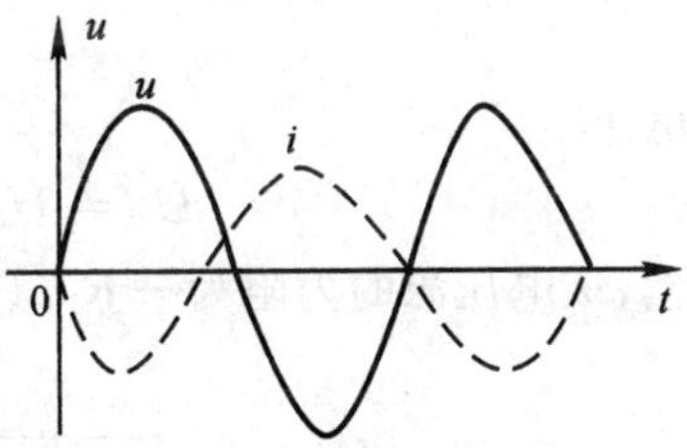

图　2.7.3

(3) 负阻抗变换器元件 $-Z$ 和普通的无源 R,L,C 元件 Z 作串、并联时，等效阻抗的计算方法与无源元件的串、并联计算公式相同，即

$$Z_{串}=-Z+Z'$$

$$Z_{并}=\frac{-ZZ'}{-Z+Z'}$$

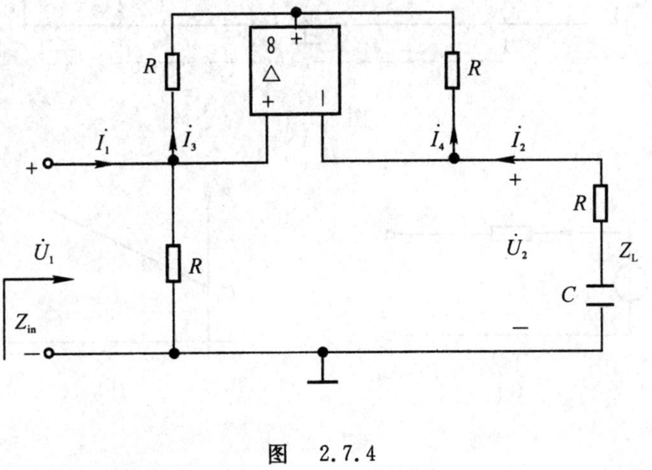

图　2.7.4

(4) 负阻抗变换器能够起逆变阻抗的作用，即实现容性阻抗和感性阻抗的逆变，称为阻抗逆变器。由 R,C 元件来模拟电感器的电路示于图 2.7.4。阻抗逆变器输入端的等效阻抗 Z_{in} 可

以视为电阻元件 R 与负阻抗元件 $-(R+\frac{1}{j\omega C})$ 相并联的结果，即

$$Z_{in}=\frac{-(R+\frac{1}{j\omega C})R}{-(R+\frac{1}{j\omega C})+R}=R+j\omega R^2C$$

对输入端而言，电路等效为一个与频率无关的有损耗电感器，等效电感 $L=R^2C$。同样，若将图中电容器 C 换接成为电感器 L，电路就等效为一个与频率无关的有损耗电容器，等效电容为 $C=\frac{L}{R^2}$。

(5) 应用负阻抗变换器可以构成一个具有负内阻的电压源，其电路如图 2.7.5 所示。由图知

$$\dot{U}_1=\dot{U}_2$$
$$\dot{I}_1=-\dot{I}_2$$

故输出电压

$$\dot{U}_2=\dot{U}_1=\dot{U}_s-\dot{I}_1R_1=\dot{U}_s+\dot{I}_2R_1$$

显然，该电压源的内阻为 $-R_1$。具有负内阻电压源的等效电路和伏安特性曲线如图 2.7.6 所示。

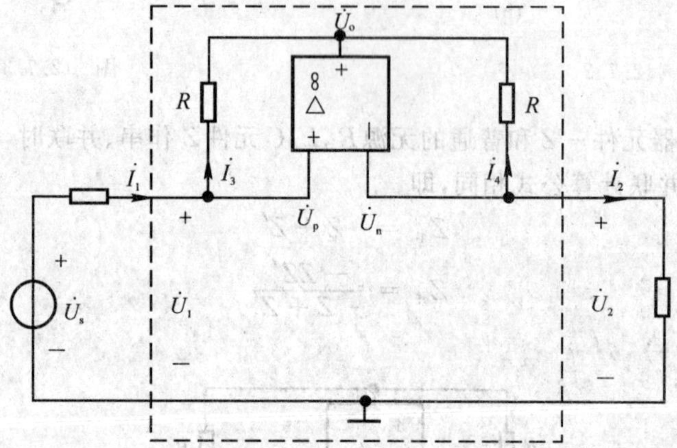

图 2.7.5

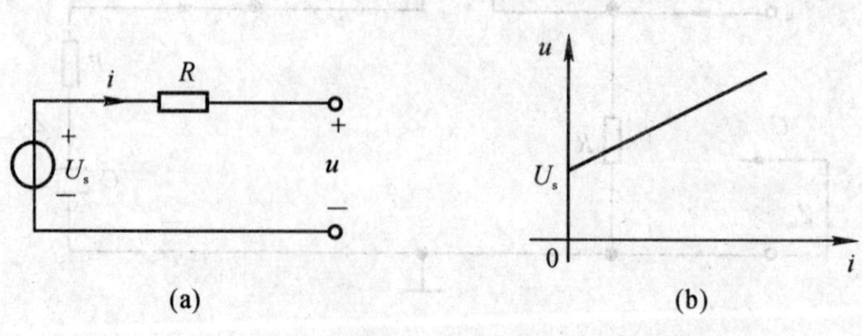

图 2.7.6

(6) 在 2.6 节中研究 RLC 串联电路的方波响应时，由于实验电感元件本身存在直流电阻 R_L，因此，响应类型只能观察到过阻尼情况、临界阻尼情况和欠阻尼情况三种形式。

图 2.7.7 中是利用具有负内阻的方波电源作为激励，由于电源的负内阻可以和电感器的电阻相“抵消”（等效电路见图 2.7.8），响应类型可以出现 RLC 串联回路总电阻为零的无阻尼等幅振荡情况（见图 2.7.9）和总电阻小于零的负阻尼发散振荡情况（见图 2.7.10）。

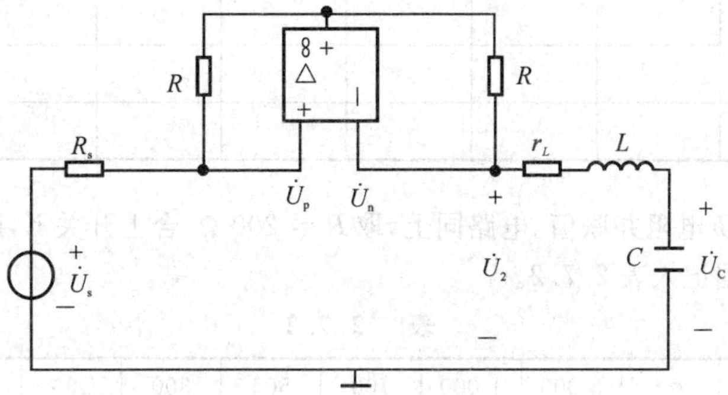

图　2.7.7

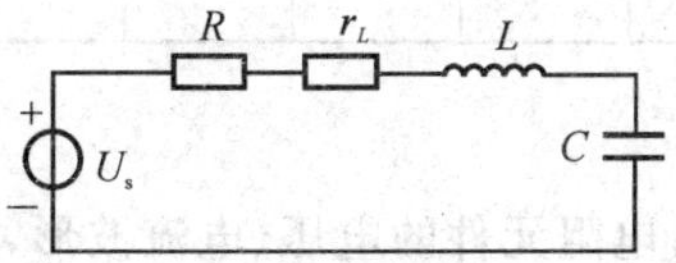

图　2.7.8

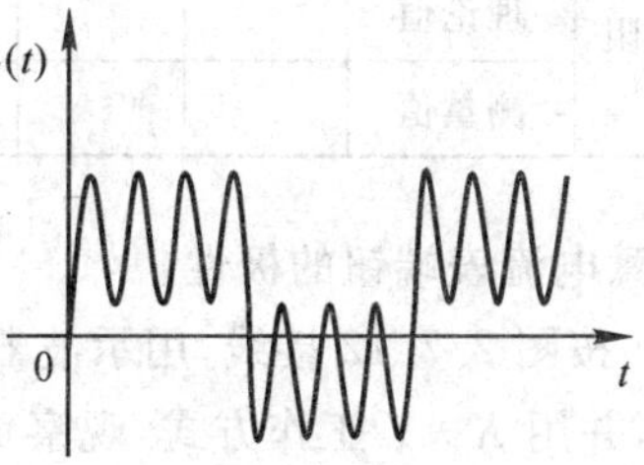

图　2.7.9

(7) 本次实验内容较新颖，但实验方式即测量手段与前述相仿，因此，应注意巩固并熟练地掌握基本的实验技能。要求做的内容由教师指定。

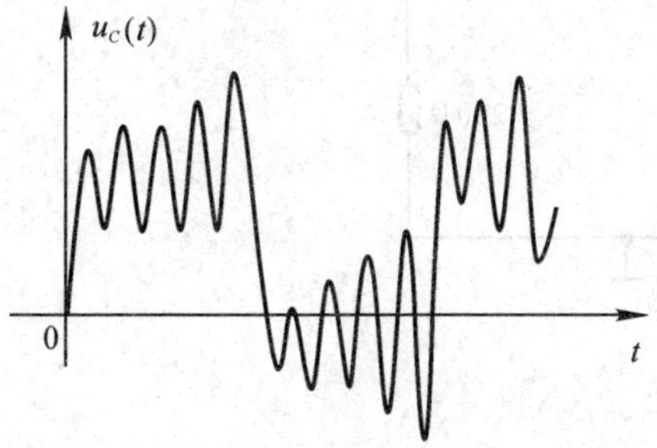

图　2.7.10

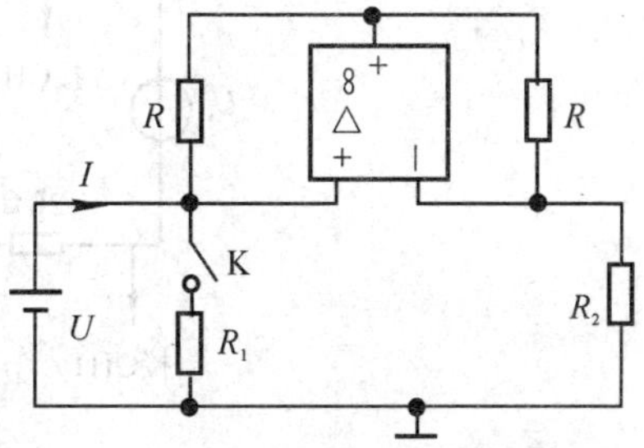

图　2.7.11

三、实验内容

(1) 计算负电阻阻值。按图 2.7.11 接线，电阻 R 取 1 kΩ，电源 U 用 1.5 V 电池，断开开关 K，改变 R_2 的阻值，测出对应的 U，I 值，数值记入表 2.7.1。

表 2.7.1

R_2/Ω		200	300	400	500	600	700	800	900
U/V									
I/mA									
等效电阻 Ω	理论值								
	测量值								

(2) 计算 R_1 与负电阻并联值。电路同上，取 $R=200\ \Omega$，合上开关 K，改变 R_1 的阻值，测出对应的 U，I 值，数据记入表 2.7.2。

表 2.7.2

R_2/Ω		∞	5 000	1 000	700	500	300	200	160	130	120
U/V											
I/mA											
等效电阻 Ω	理论值										
	测量值										

注意电流表端钮的极性。

(3) 按图 2.7.12 接线，用示波器观察正弦情况下负电阻元件的电压、电流波形，测量负电阻阻值，并用 $X-Y$ 工作方式，观察负电阻元件伏安特性曲线，正弦电压有效值取 1 V。

注意：观察到的电流波形为 $-i_1$(为什么?)。

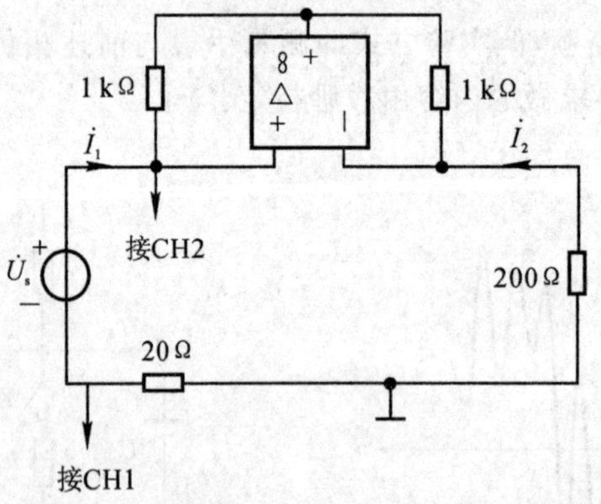

图 2.7.12

(4) 用伏安(表) 法测定具有负内阻电压源的伏安特性。实验电路如图 2.7.13 所示。U_s 用 1.5 V电池，R_s 取为 300 Ω，负载 R_L 从 600 Ω 开始增加。为使测量准确，本实验用万用表直流挡测量电压。实验步骤的记录表格自拟。

(5) 用示波器进一步研究 RLC 串联电路的方波响应和状态轨迹。实验电路如图2.7.14 所示。虚线框内代表等效负电阻($-R_s$)，增加 R_s 即相当于减小了 RLC 串联回路的总电阻，R_s 可在几百欧姆内调节。

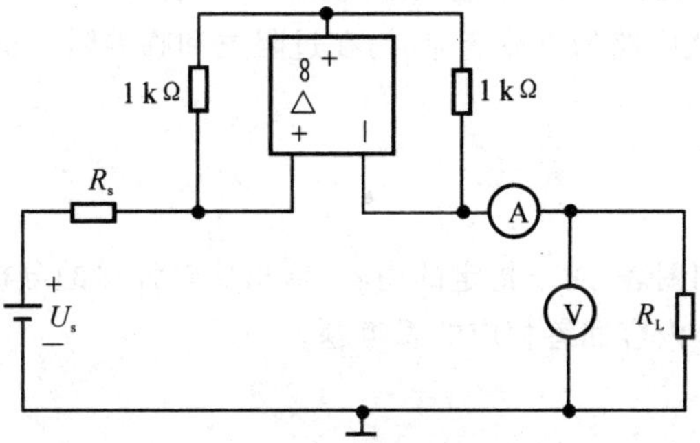

图 2.7.13

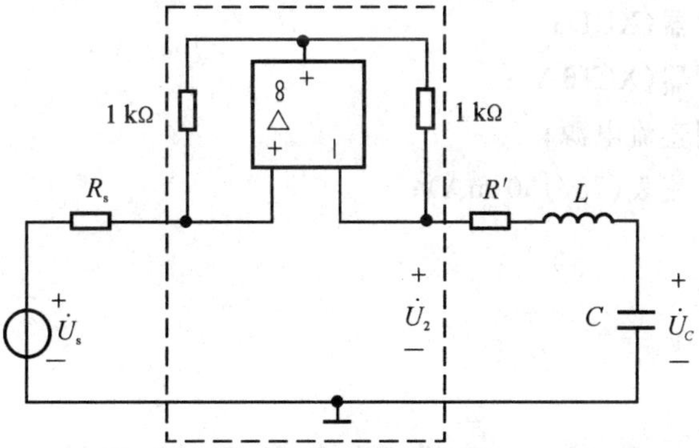

图 2.7.14

实验时，先取 $R' > R_s$，然后逐渐减小 R'(或增加 R_s)，使响应分别出现过阻尼、临界阻尼、欠阻尼、无阻尼和负阻尼五种情况，测出各种情况下的 α，ω_0 及 ω_d 值。电源电压峰值不要超过 5 V，其余参数和实验方法与 2.6 节中相同。

实验中应注意，RLC 回路的总电阻除了有为正值的 R' 和 R_L 外，还包括为负值的 R_s 及方波电源的内阻值，方波电源的内阻在高电位和低电位时，数值不完全相同，改变频率和输出幅值后，也略有变化。从大到小改变回路的总电阻值，在接近无电阻和负阻尼情况时，要仔细调节 R_s 或 R'，以便观察到无阻尼和负阻尼时的响应波形。

四、实验注意事项

(1) 负阻抗变换器是新接触到的又一有源器件，在充分预习实验内容之后方可进行实验。

(2) 使用运算放大器应注意电源不可接错，以免损坏。

(3) 由于内容较多，应在完成教师指定的内容之后，再考虑做其他的内容。

五、预习与思考

(1) 图 2.7.11 中的电源是发出功率还是吸收功率的?负阻器件呢?

(2) 在用电压表、电流表测量负电阻和具有负电阻电压源的伏安特性时，有哪些因素会引起测量误差?举例说明。

(3) 列出方程，推导出图 2.7.4 中输入阻抗 Z_{in} 的表达式。

(4) 在研究 RLC 串联电路的方波响应时，在过阻尼和临界阻尼情况下，如何确认电源仍然具有负的内阻值？

六、实验报告要求

(1) 整理实验数据和图表，对于指定的内容，给出比较详尽的分析说明。

(2) 根据指定的实验内容回答相应的思考题。

七、实验仪器

(1) 面包板、运算放大器；

(2) 示波器(HH4311)；

(3) 正弦信号发生器(XDI)；

(4) 方波信号发生器(XC16A)；

(5) 运算放大器用直流电源；

(6) 直流毫安级电流表(75/150 mA)；

(7) 万用表；

(8) 电阻箱；

(9) 电池。

2.8 二端网络参数的测定

一、实验目的

(1) 学习测定无源线性二端网络的参数。

(2) 研究二端网络及其等效电路在有载情况下的性能。

二、实验原理

(1) 对于无源线性二端网络(见图 2.8.1)，可以用网络参数(Network Parameters) 来表征它的特性，这些参数只决定于二端网络内部的元件和结构，而与输入(激励) 无关。网络参数确定后，两个端口处的电压、电流关系即网络的特性方程就唯一地确定了。

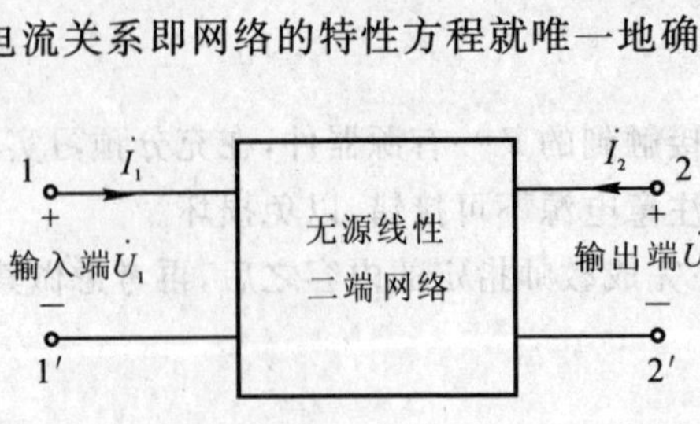

图 2.8.1

1) 若将二端网络的输入端电流 $\dot{I}_1$ 和输出端电流 $\dot{I}_2$ 作为自变量，电压 $\dot{U}_1$ 和 $\dot{U}_2$ 作为因变

量,则有特性方程

$$\begin{cases}\dot{U}_1 = Z_{11}\dot{I}_1 + Z_{12}\dot{I}_2 \\ \dot{U}_2 = Z_{21}\dot{I}_1 + Z_{22}\dot{I}_2\end{cases}$$

式中,Z_{11}, Z_{12}, Z_{21}, Z_{22} 称为二端网络的 Z 参数,它们具有阻抗性质,分别表示为

$$Z_{11} = \frac{\dot{U}_1}{\dot{I}_1}\bigg|_{\dot{I}_2=0} \qquad Z_{12} = \frac{\dot{U}_1}{\dot{I}_2}\bigg|_{\dot{I}_1=0}$$

$$Z_{21} = \frac{\dot{U}_2}{\dot{I}_1}\bigg|_{\dot{I}_2=0} \qquad Z_{22} = \frac{\dot{U}_2}{\dot{I}_2}\bigg|_{\dot{I}_1=0}$$

当二端网络为互易网络时,有 $Z_{12} = Z_{21}$,因此参数中只有三个是独立的。

2) 若将二端网络的输出端电压 $\dot{U}_2$ 和电流 $\dot{I}_2$ 作为自变量,输入端电压 $\dot{U}_1$ 和电流 $\dot{I}_1$ 作为因变量,则有方程

$$\begin{cases}\dot{U}_1 = A_{11}\dot{U}_2 + A_{12}(-\dot{I}_2) \\ \dot{I}_1 = A_{21}\dot{U}_2 + A_{22}(-\dot{I}_2)\end{cases}$$

式中,A_{11}, A_{12}, A_{21}, A_{22} 称为传输参数,分别表示为

$$A_{11} = \frac{\dot{U}_1}{\dot{U}_2}\bigg|_{\dot{I}_2=0} \qquad A_{12} = \frac{\dot{U}_1}{-\dot{I}_2}\bigg|_{\dot{U}_2=0}$$

$$A_{21} = \frac{\dot{I}_1}{\dot{U}_2}\bigg|_{\dot{I}_2=0} \qquad A_{22} = \frac{\dot{I}_1}{-\dot{I}_2}\bigg|_{\dot{U}_2=0}$$

当二端网络为互易网络时,有 $A_{11}A_{22} - A_{12}A_{21} = 1$,因此,四个参数中只有三个是独立的。

3) 若将二端网络的输入端电流 $\dot{I}_1$ 和输出端电压 $\dot{U}_2$ 作为自变量,输入端电压 $\dot{U}_1$ 和输出端电流 $\dot{I}_2$ 作为因变量,则有方程

$$\begin{cases}\dot{U}_1 = h_{11}\dot{I}_1 + h_{12}\dot{U}_2 \\ \dot{I}_2 = h_{21}\dot{I}_1 + h_{22}\dot{U}_2\end{cases}$$

式中,h_{11}, h_{12}, h_{21}, h_{22} 称为混合参数,分别表示为

$$h_{11} = \frac{\dot{U}_1}{\dot{I}_1}\bigg|_{\dot{U}_2=0} \qquad h_{12} = \frac{\dot{U}_1}{\dot{U}_2}\bigg|_{\dot{I}_1=0}$$

$$h_{21} = \frac{\dot{I}_1}{\dot{I}_2}\bigg|_{\dot{U}_2=0} \qquad h_{22} = \frac{\dot{I}_2}{\dot{U}_2}\bigg|_{\dot{I}_1=0}$$

当二端网络为互易网络时,有 $h_{12} = -h_{21}$,因此,网络的四个参数中有三个是独立的。

(2) 无源二端网络的外部特性可以用三个阻抗(或导纳)元件组成的 T 型或 π 型等效电路来代替,其 T 型等效电路如图 2.8.2 所示。若已知网络的 A 参数,则阻抗 Z_1, Z_2, Z_3 分别为

$$Z_1 = \frac{A_{11} - 1}{A_{21}}$$

$$Z_2 = \frac{1}{A_{21}}$$

$$Z_3 = \frac{A_{22} - 1}{A_{21}}$$

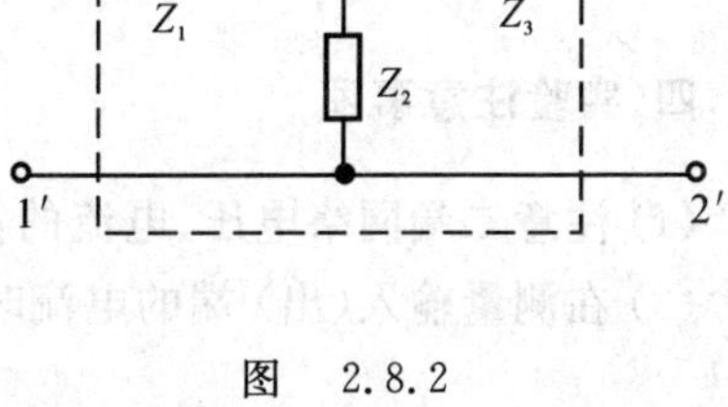

图　2.8.2

因此,求出二端网络的 A 参数之后,网络的 T 型(或 π 型) 等效电路的参数也就可以求得。

(3) 在二端网络输出端接一个负载阻抗 Z_L,在输入端接一内阻抗为 Z_s 的电压源 U_s,如图

2.8.3 所示，则二端网络的输入阻抗为输入端电压和电流之比，即

$$Z_{in} = \frac{\dot{U}_1}{\dot{I}_1}$$

根据 A 参数方程，得

$$Z_{in} = \frac{A_{11}Z_L + A_{12}}{A_{21}Z_L + A_{22}}$$

输入阻抗、输出阻抗可以根据网络参数计算得到，也可以通过实验测得。

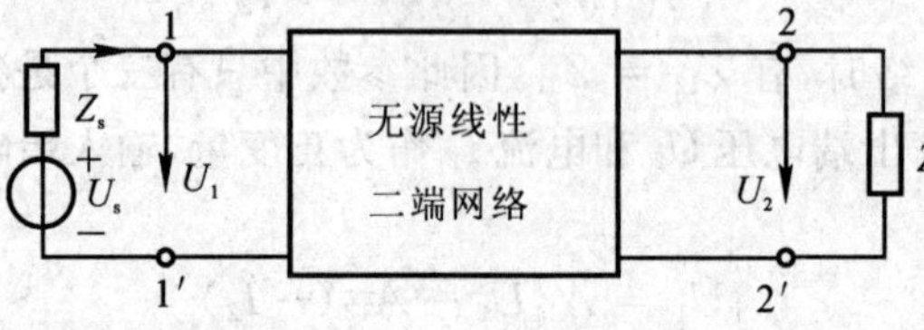

图 2.8.3

(4) 本实验仅研究直流无源二端网络的特性。因此，只需将上述各公式之中的 $\dot{U}$，$\dot{I}$，Z 改为相应的 U，I，R 即可。

三、实验内容

(1) 将直流实验板按图 2.8.4 接线，直流电压取 5 V，测定二端网络的 Z 参数和 A 参数。

(2) 在 U_2 端接 110 Ω 电阻，测定二端网络在有载情况下的输入电阻，并验算有载情况下的 A 参数方程和 Z 参数方程。

(3) 利用实验内容(1) 测得的数据计算出图 2.8.4 所示二端网络的 T 型等效电路参数，并用电阻箱组成该 T 型电路。然后，① 测量 T 型等效电路的 A 参数和 h 参数；② 测量有载情况下(与实验内容(2) 相同) 的输入电阻。

本实验的数据记录表格自拟。

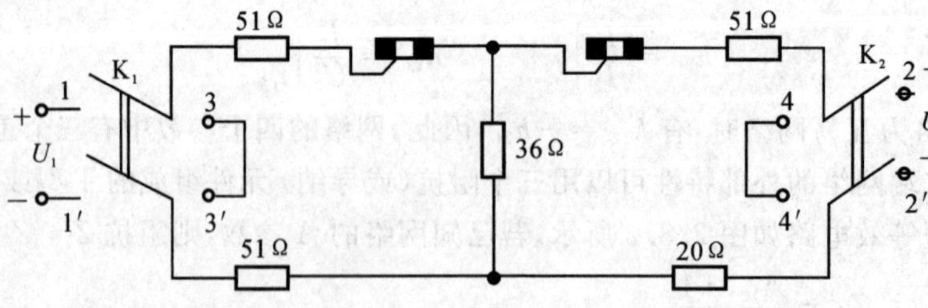

图 2.8.4

四、实验注意事项

(1) 注意二端网络电压、电流的参数方向。

(2) 在测量输入(出) 端的电流时，注意电流表的极性。

五、预习与思考

(1) 二端网络的参数为什么与外加电压或流过网络的电流无关?

(2) 对于图 2.8.5 所示的电路,说明如何建立其二端网络的方程以及如何用实验方法测出 A 参数。

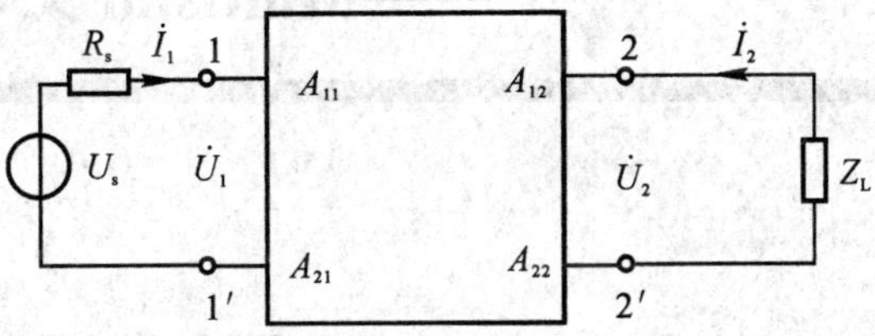

图　2.8.5

六、实验报告要求

(1) 用实验内容(1) 测得的 A 参数计算出对应的 h 参数,并与实验内容(3) 测得的 h 参数相比较。

(2) 用实验内容(1) 测得的 A 参数计算出二端网络的输入电阻(U_2 端接 110 Ω电阻),并与实验内容(2) 的测量值相比较。

(3) 从测得的 A 参数或 Z 参数判别本实验所研究的网络是否为互易网络。

(4) 回答预习与思考(2)。

七、实验仪器

(1) 直流稳压电源(WY－30－2A);

(2) 直流实验板;

(3) 直流电压表(3/15/30 V);

(4) 直流电流表(75/150 mA);

(5) 电阻箱。

第3章 计算机仿真实验
——Multisim 9.0 的应用

电子设计自动化(Electronics Design Automation,EDA)技术是以计算机科学和微电子技术的发展为先导,汇集了计算机图形学、拓扑逻辑学、微电子工艺与结构等学科的先进技术,在计算机工作平台上产生的电子系统设计的应用技术。

当今 EDA 软件工具繁多,如 Multisim,Protel,Pspice,Max+plusII 和 Foudations series 等。本章重点介绍常用的基于 EWB(Electronics Workbench)软件的 EDA 技术。

EDA 软件是一个原理电路设计、电路功能测试的虚拟仿真软件。其虚拟仿真对象包括模拟电路、数字电路、模拟数字混合电路(如 A/D 转换器、D/A 转换器、555 电路等)、原理性电源(如电流控制电压源、电压控制电压源等)、分立元件(如电阻、电感、电容和晶体管等)及显示元件(如 LED、逻辑测试笔、灯泡等)。

电路仿真实验教学是电路教学的一种重要方式和手段,仿真实验与传统实验方式相比,具有以下特点:

(1)功能强大。由于 EWB 提供的仪器、元器件齐全,可以解决因设备仪器价格昂贵而暂时无法实现的传统实验,这些实验用软件仿真可以轻而易举地实现。

(2)效率高。EWB 软件易学易用,便于自学,只需一台计算机就可以完成电路课程中的所有实验。

(3)效果好。由于 EWB 元件库含有丰富的元器件和仪器仪表,从根本上克服了实验室仪器仪表在品种、规格、数量上的限制,可以实现验证型、测试型、设计型、纠错型、创新型等多种实验和实践。

(4)工程实用性强。由于 EWB 软件系统模型科学、准确,仿真结果可以满足工程需要,实用性强。

EWB 的特点使其非常适合电路、电子类课程的教学和实验。本章主要介绍与电子实验有关的 Multisim 9.0 的基本界面和基本使用方法。

3.1 Multisim 9.0 介绍

Multisim 9.0 是 IIT 公司推出 Multisim 2001 之后的 Multisim 最新版本。Multisim 9.0 提供了全面集成化的设计环境,可以完成从原理图设计输入、电路仿真分析到电路功能测试等工作。当改变电路连接或改变元件参数,对电路进行仿真时,可以清楚地观察到各种变化对电路性能的影响 。

一、Multisim 9.0 基本操作

1. 基本界面

Multisim 9.0 的基本界面如图 3.1.1 所示。

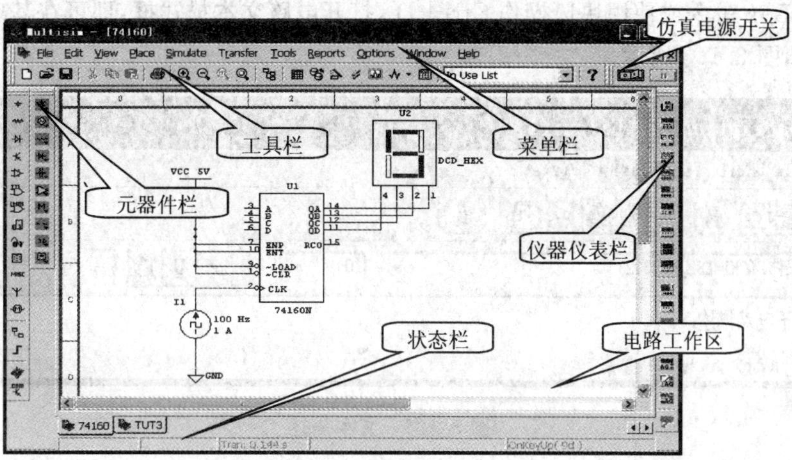

图 3.1.1 基本界面

2. 文件基本操作

与 Windows 常用的文件操作一样,Multisim 9.0 中也有以下操作:

New——新建文件,Open——打开文件,Save——保存文件,Save As——另存文件,Print——打印文件,Print Setup——打印设置和 Exit——退出等相关的文件操作。

以上这些操作可以在菜单栏 File 子菜单下选择命令,也可以应用快捷键或工具栏的图标进行快捷操作。

3. 元器件基本操作

常用的元器件编辑功能有:90 Clockwise——顺时针旋转 90°,90 CounterCW——逆时针旋转 90°,Flip Horizontal——水平翻转,Flip Vertical——垂直翻转,Component Properties——元件属性等,如图 3.1.2 所示。这些操作可以在菜单栏 Edit 子菜单下选择命令,也可以应用快捷键进行快捷操作。

图 3.1.2 元器件的编辑

4. 文本基本编辑

编辑文本的方式有两种:直接在电路工作区输入文字或者在文本描述框输入文字,两种操作方式有所不同。

(1)在电路工作区输入文字。单击 Place / Text 命令或使用 Ctrl+T 快捷操作,然后用鼠标单击需要输入文字的位置,输入需要的文字。用鼠标指向文字块,单击鼠标右键,在弹出的菜单中选择 Color 命令,选择需要的颜色。双击文字块,可以随时修改输入的文字。

(2)在文本描述框输入文字。利用文本描述框输入文字不占用电路窗口,可以对电路的功能、使用方法等进行详细的说明,并根据需要修改文字的大小和字体。单击 View/ Circuit Description Box 命令或使用快捷操作 Ctrl+D ,打开电路文本描述框,即可在其中输入需要说明的文字,如图 3.1.3 所示。

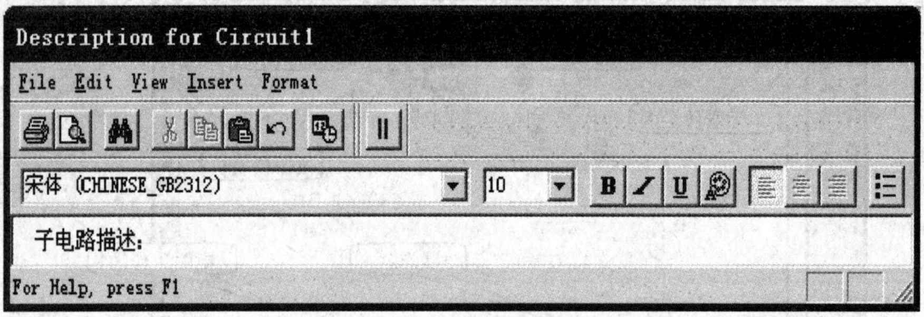

图 3.1.3 文本描述

5. 图纸标题栏设置

单击 Place/Title Block 命令,在打开对话框的查找范围处指向 Multisim/Titleblocks 目录,在该目录下选择一个 *.tb7 图纸标题栏文件,放在电路工作区。用鼠标指向文字块,单击鼠标右键,在弹出的菜单中选择 Properties 命令,在打开的如图 3.1.4 所示的对话框中进行设置。

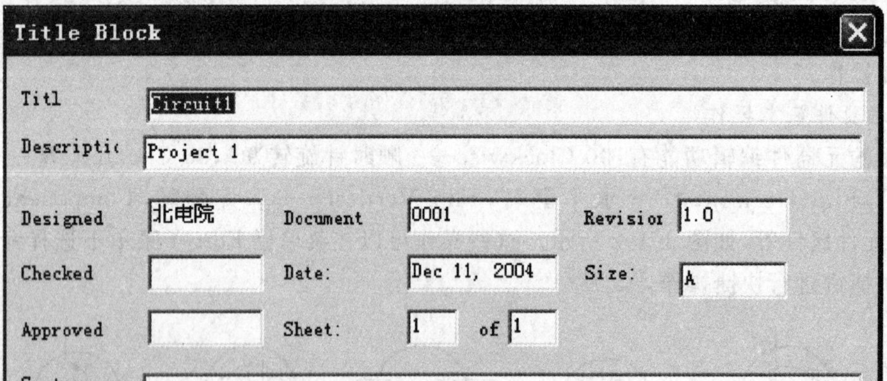

图 3.1.4 图纸标题栏设置

6. 子电路的创建和使用

子电路是用户自己建立的一种单元电路。将子电路存放在用户器件库中,可以反复调用并使用子电路。利用子电路可使复杂系统的设计模块化、层次化，可增加设计电路的可读性，提高设计效率，缩短电路周期。创建和使用子电路的方法如下：

(1)子电路创建。单击 Place/Replace by Subcircuit 命令，在出现的 Subcircuit Name 对话框中输入子电路名称 sub1 ，单点 OK，选择电路复制到用户器件库，同时给出子电路图标，完成子电路的创建。

(2)子电路修改。双击子电路模块，在出现的对话框中单击 Edit Subcircuit 命令，屏幕显示子电路的电路图，直接修改该电路图。

(3)子电路调用。单击 Place/Subcircuit 命令或使用 Ctrl＋B 快捷操作，输入已创建的子电路名称 sub1，即可使用该子电路。

(4)子电路的输入/输出。为了能对子电路进行外部连接，需要对子电路添加输入/输出。单击 Place / HB/SB Connecter 命令或使用 Ctrl＋I 快捷操作，屏幕上出现输入/输出符号，将其与子电路的输入/输出信号端进行连接。带有输入/输出符号的子电路才能与外电路连接。

在第(1)步中选择电路时，把需要创建的电路放到电子工作平台的电路窗口上，按住鼠标左键拖动即可，被选择电路的部分由周围的方框标示。

二、Multisim 9.0 电路创建

1. 元器件

(1)选择元器件。在元器件栏中单击要选择的元器件库图标，打开该元器件库。在屏幕出现的元器件库对话框中选择所需的元器件。常用元器件库有 13 个：信号源库、基本元件库、二极管库、晶体管库、模拟器件库、TTL 数字集成电路库、CMOS 数字集成电路库、其他数字器件库、混合器件库、指示器件库、其他器件库、射频器件库、机电器件库等。

(2)选中元器件。鼠标点击元器件，可选中该元器件。

(3)元器件操作。选中元器件，单击鼠标右键，在菜单中出现下列操作命令：

Cut	Ctrl+X
Copy	Ctrl+C
Flip Horizontal	Alt+X
Flip Vertical	Alt+Y
90 Clockwise	Ctrl+R
90 CounterCW	Shift+Ctrl+R
Color...	
Font...	
Edit Symbol	
Help	F1

Cut：剪切
Copy：复制
Flip Horizontal：选中元器件的水平翻转
Flip Vertical：选中元器件的垂直翻转
90 Clockwise：选中元器件的顺时针旋转 90°
90 CounterCW：选中元器件的逆时针旋转 90°
Color：设置器件颜色
Edit Symbol：设置器件参数
Help：帮助信息

(4)元器件特性参数。双击该元器件，在弹出的元器件特性对话框中，可以设置或编辑元器件的各种特性参数。元器件不同，每个选项下将对应不同的参数。

例如，NPN 三极管的选项为：Label——标识；Display——显示；Value——数值；Pins——管脚。

2. 电路图

选择菜单 Options 栏下的 Sheet Properties 命令，出现如图 3.1.5 所示的对话框。每个选

项下又有各自不同的对话内容，用于设置与电路显示方式相关的选项。

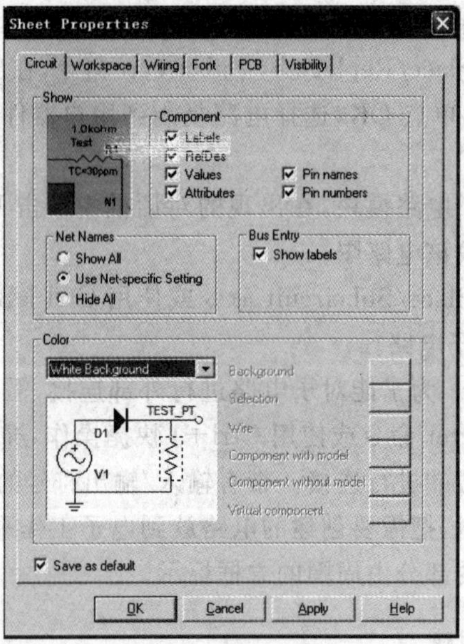

图 3.1.5　对话框设置

(1)Circuit：电路。Show 栏目的显示控制如下：

Labels：标签；

RefDes；元件序号；

Values：值；

Attributes：属性；

Pin names：管脚名字；

Pin numbers：管脚数目。

(2)Workspace：环境。Sheet size 栏目实现图纸大小和方向的设置，Zoom level 栏目实现电路工作区显示比例的控制。

(3)Wring：连线。Wire width 栏目设置连接线的线宽，Autowire 栏目控制自动连线的方式。

(4)Font：字体。

(5)PCB：电路板。PCB 选项选择与制作电路板相关的命令 。

(6)Visibility：可视选项。

三、Multisim 9.0 操作界面

1. Multisim 9.0 菜单栏

Multisim 9.0 菜单栏如图 3.1.6 所示。11 个菜单栏包括了该软件的所有操作命令。从左至右为：File(文件)、Edit(编辑)、View(窗口)、Place(放置)、Simulate(仿真)、Transfer(文件输出)、Tools(工具)、Reports(报告)、Options(选项)、Window(窗口)和 Help(帮助)。

图 3.1.6　菜单栏

(1)File(文件)菜单如图 3.1.7 所示。

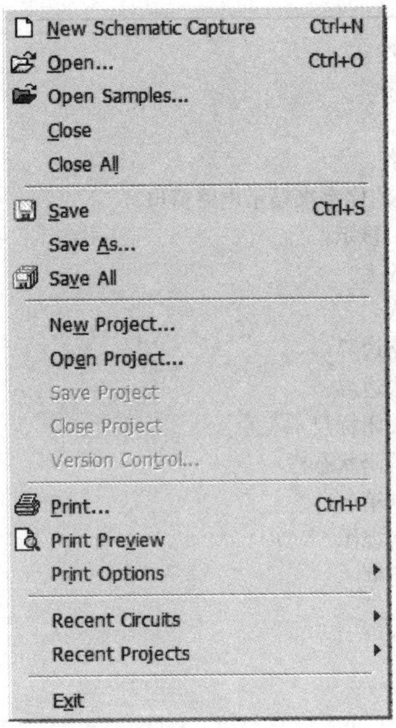

建立一个新文件
打开文件
打开示例
关闭
关闭所有
保存
保存为
保存所有
建立一个新项目
打开一个新项目
保存项目
关闭项目
项目备份
打印
打印预览
打印选项
曾打开文件
曾打开项目
退出

图 3.1.7　文件菜单

(2)Edit(编辑)菜单如图 3.1.8 所示。

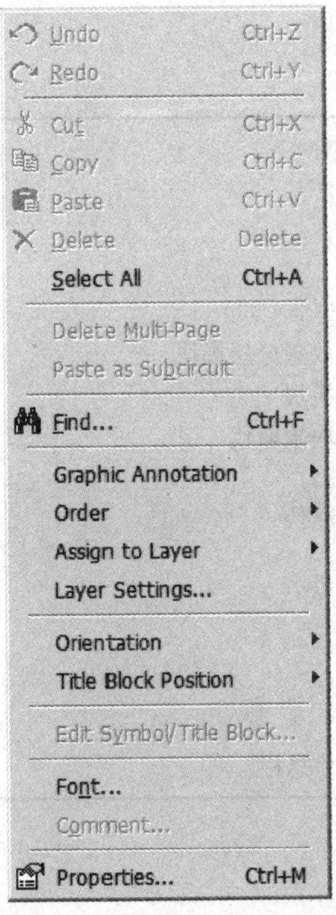

撤销
重做
剪切
拷贝
粘贴
删除
全选
删除电路中的其他页
作为子电路粘贴
查找
图形
顺序
分配到层
层设置
元件旋转
表题区位置
编辑表题
字体对话框
注释
所选元件属性

图 3.1.8　编辑菜单

(3)View(窗口)菜单如图 3.1.9 所示。

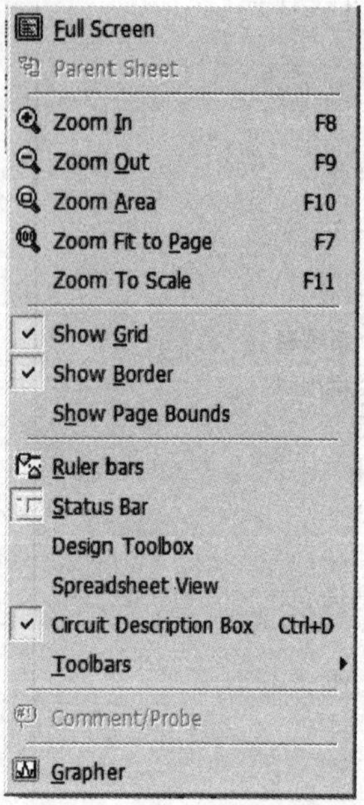

全屏显示
参数列表
放大电路
缩小电路
以100%的比率来显示电路窗口
适合窗口显示
按比率放大
显示窗格
显示电路边界
显示纸张边界
显示或关闭标尺
显示或关闭状态栏
设计工具箱
电子表格视图
电路描述框
工具
注释/
图表

图 3.1.9　窗口菜单

(4)Place(放置)菜单如图 3.1.10 所示。

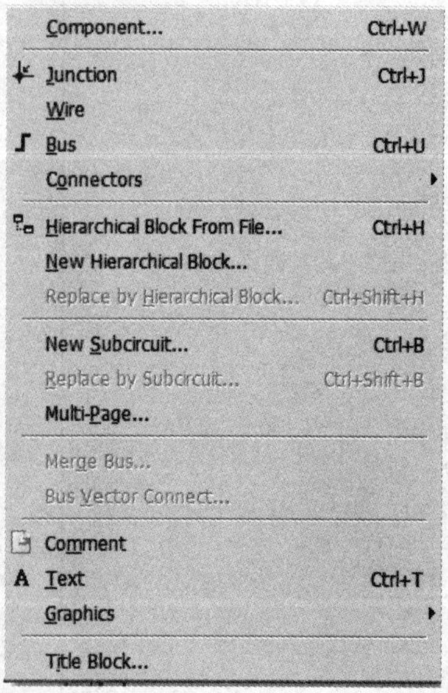

放置元器件
连接点
连接线
总线
连接器
从文件中放置分层模块
新建分层模块
用分层模块来取代
新建子电路
用子电路取代
多页电路
合并总线
注释
放置文字
放置图形
放置标题信息栏

图 3.1.10　放置菜单

(5)Simulate(仿真)菜单如图 3.1.11 所示。

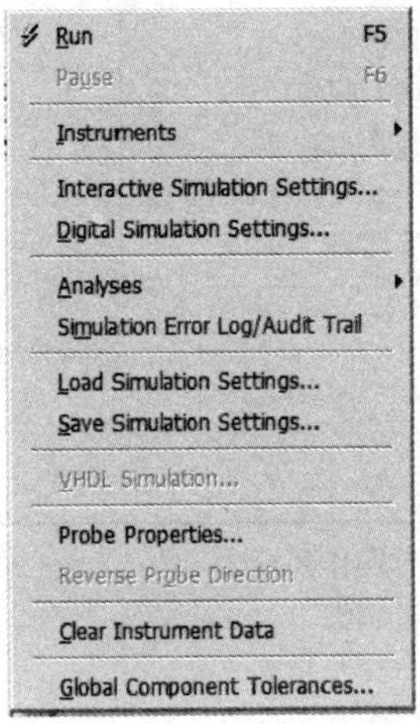

运行
暂停
仪表
仿真交互设置
数字仿真设置
选择仿真方法
电路仿真错误记录/检查数据跟踪
装载仿真设置
保存仿真设置
VHDL 仿真
观察属性对话框
方向观察
清除仪器数据
全局元件误差对话框设置

图 3.1.11　仿真菜单

(6)Transfer(文件输出)菜单如图 3.1.12 所示。

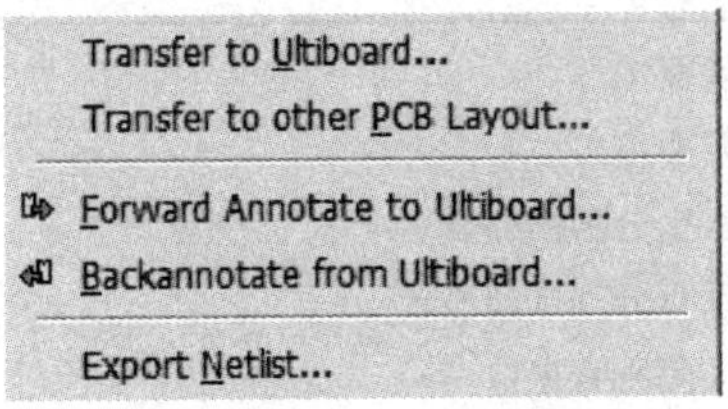

转换到 Ultiboard
转换到其他 PCB 制版
将 Multisim数据传给 Ultiboard
从 Ultiboard传入数据
导出列表

图 3.1.12　文件输出菜单

(7)Tools(工具)菜单如图 3.1.13 所示。

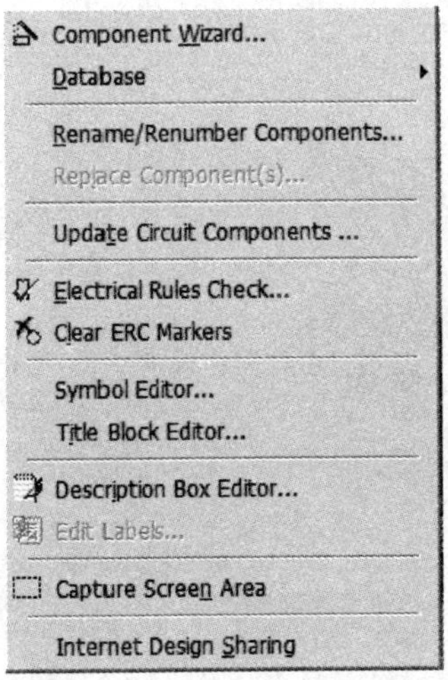

元件设计向导
数据库
重新命名/重新编号元件
置换元件
更新电路元件
电气规则检查
清除 ERC 标记
符号编辑器
标题块编辑
描述框编辑对话框
编辑标签
捕获屏幕区域
网络设计资源共享

图 3.1.13　工具菜单

(8)Reports(报告)菜单如图 3.1.14 所示。

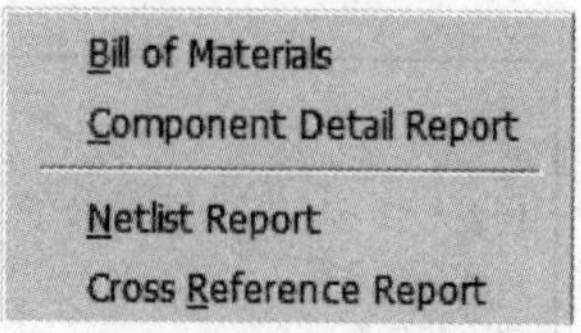

电路图使用器件报告
元器件详细参数报告
电路图网络连接报告
产生主电路所有元器件详细列表

图 3.1.14　报告菜单

(9)Options(选项)菜单如图 3.1.15 所示。

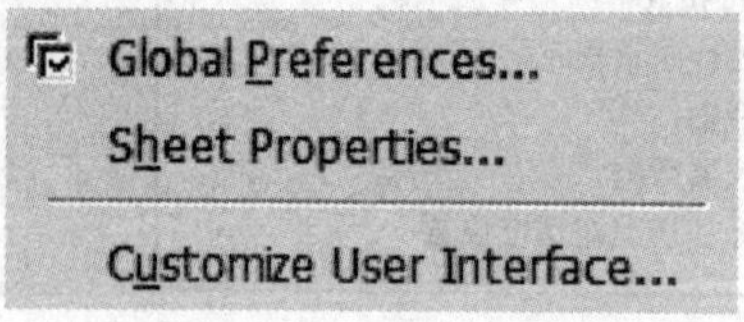

全局设置操作环境
工作表单属性
用户命令交互设置

图 3.1.15　选项菜单

(10)Window(窗口)菜单如图 3.1.16 所示。

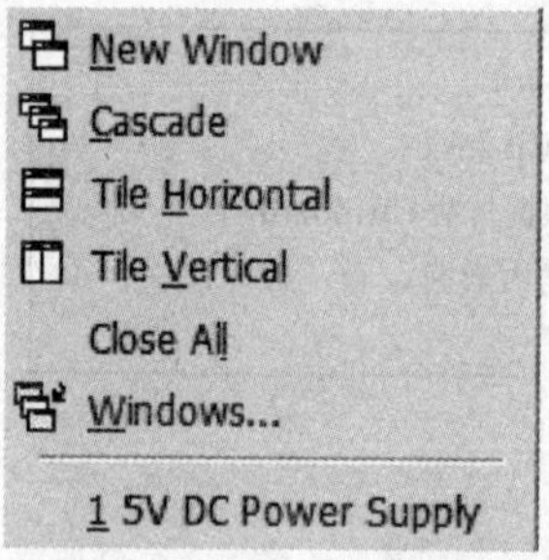

新窗口
层叠窗口
水平分割排列显示
垂直分割排列显示
关闭所有窗口
窗口对话框
当前用户文档名称

图 3.1.16　窗口菜单

(11)Help(帮助)菜单如图 3.1.17 所示。

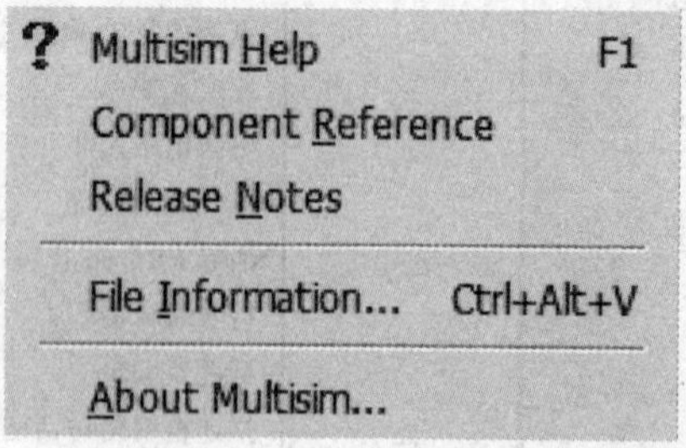

图 3.1.17　帮助菜单

2. Multisim 9.0 元器件栏

由于该工具栏是浮动的(见图 3.1.18),所以不同用户显示会有所不同。

图 3.1.18　元器件栏

图 3.1.18 中，各图标的含义从左到右依次是：电源，电阻，二极管，三极管，集成电路，TTL 集成电路，COMS 集成电路，数字器件，混合器件库，指示器件库，其他器件库，电机类器件库，MCU 库，外围设备库，射频器件库；导线，总线。

3. Multisim 9.0 仪器仪表栏

Multisim 9.0 在仪器仪表栏下提供了 17 个常用仪器仪表，依次为数字万用表、函数发生器、功率表、双通道示波器、四通道示波器、波特图仪、频率计、字信号发生器、逻辑分析仪、逻辑转换器、IV 分析仪、失真度仪、频谱分析仪、网络分析仪、Agilent 信号发生器、Agilent 万用表、Agilent 示波器，如图 3.1.19 所示。

图 3.1.19　仪器仪表栏

三、Multisim 9.0 仪器仪表的使用

1. 数字万用表(Multimeter)

Multisim 9.0 提供的万用表外观和操作与实际的万用表相似，可以测电流、电压、电阻和分贝值，测直流或交流信号(见图 3.1.20)。万用表有正极和负极两个引线端 。

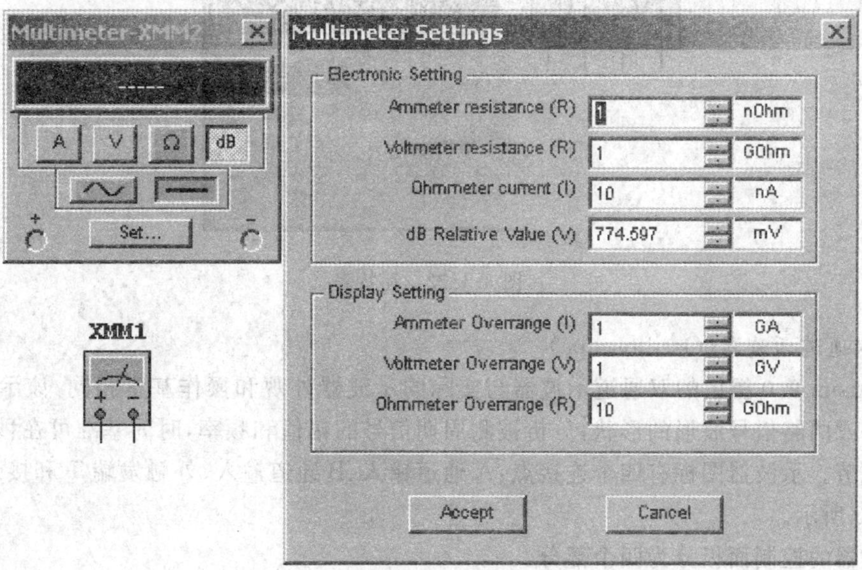

图 3.1.20　数字万用表及设置

2. 函数发生器(Function Generator)

Multisim 9.0 提供的函数发生器可以产生正弦波、三角波和矩形波,信号频率可在1 Hz～999 MHz范围内调整。信号的幅值以及占空比等参数也可以根据需要进行调节。信号发生器有三个引线端口:负极、正极和公共端,如图 3.1.21 所示。

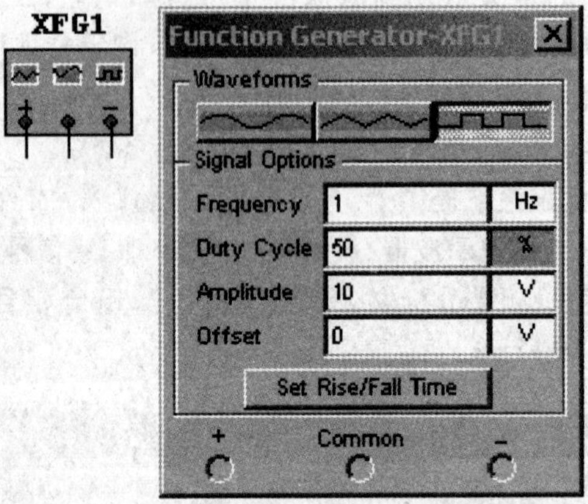

图 3.1.21　函数发生器

3. 瓦特表(Wattmeter)

Multisim 9.0 提供的瓦特表用来测量电路的交流或者直流功率,瓦特表有四个引线端口:电压正极和负极、电流正极和负极,如图 3.1.22 所示。

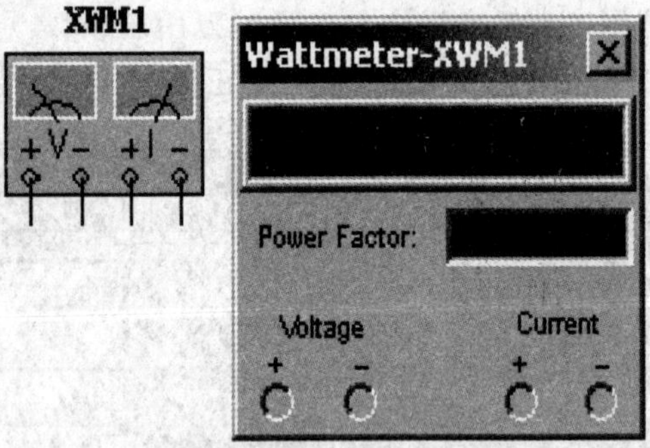

图 3.1.22　瓦特表

4. 双通道示波器(Oscilloscope)

Multisim 9.0 提供的双通道示波器与实际的示波器外观和操作基本相同,该示波器可以观察一路或两路信号波形的形状,分析被测周期信号的幅值和频率,时间基准可在秒直至纳秒范围内调节。示波器图标有四个连接点:A 通道输入、B 通道输入、外触发端 T 和接地端 G,如图 3.1.23 所示。

示波器的控制面板分为四个部分:

(1)Timebase(时间基准)。

Scale(量程):设置显示波形时的 X 轴时间基准。

X position(X 轴位置):设置 X 轴的起始位置。

显示方式设置有四种:Y/T 方式指的是 X 轴显示时间,Y 轴显示电压值;Add 方式指的是 X 轴显示时间,Y 轴显示 A 通道和 B 通道电压之和;A/B 或 B/A 方式指的是 X 轴和 Y 轴都显示电压值。

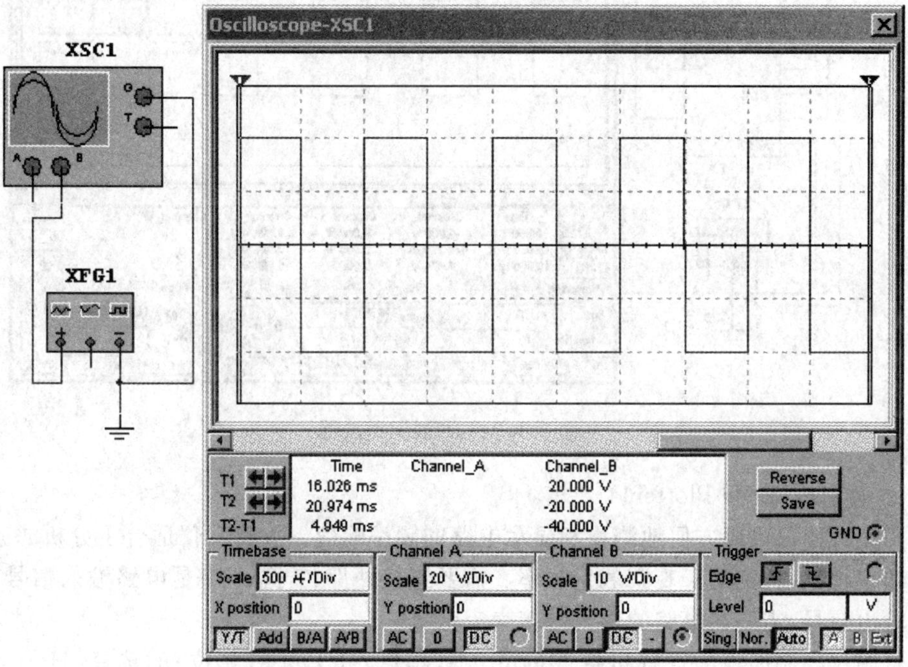

图 3.1.23　双通道示波器

(2)Channel A(通道 A)。

Scale(量程):通道 A 的 Y 轴电压刻度设置。

Y position(Y 轴位置):设置 Y 轴的起始点位置,起始点为 0 表明 Y 轴和 X 轴重合,起始点为正值表明 Y 轴原点位置向上移,否则向下移。

触发耦合方式:AC(交流耦合),0(0 耦合)或 DC(直流耦合)。交流耦合只显示交流分量,直流耦合显示直流和交流之和,0 耦合在 Y 轴设置的原点处显示一条直线。

(3)Channel B(通道 B)。通道 B 的 Y 轴量程、起始点、耦合方式等项内容的设置与通道 A 相同。

(4)Tigger(触发)。触发方式主要用来设置 X 轴的触发信号、触发电平及边沿等。Edge(边沿):设置被测信号开始的边沿,设置先显示上升沿或下降沿。Level(电平):设置触发信号的电平,使触发信号在某一电平时启动扫描。触发信号选择:Auto(自动)、通道 A 和通道 B,表明相应的通道信号作为触发信号;Ext 为外触发;Sing 为单脉冲触发;Nor 为一般脉冲触发。

5. 四通道示波器(4 Channel Oscilloscope)

四通道示波器与双通道示波器的使用方法和参数调整方式完全一样,只是多了一个通道控制器旋钮,当旋钮拨到某个通道位置时,才能对该通道的 Y 轴进行调整,如图 3.1.24 所示。

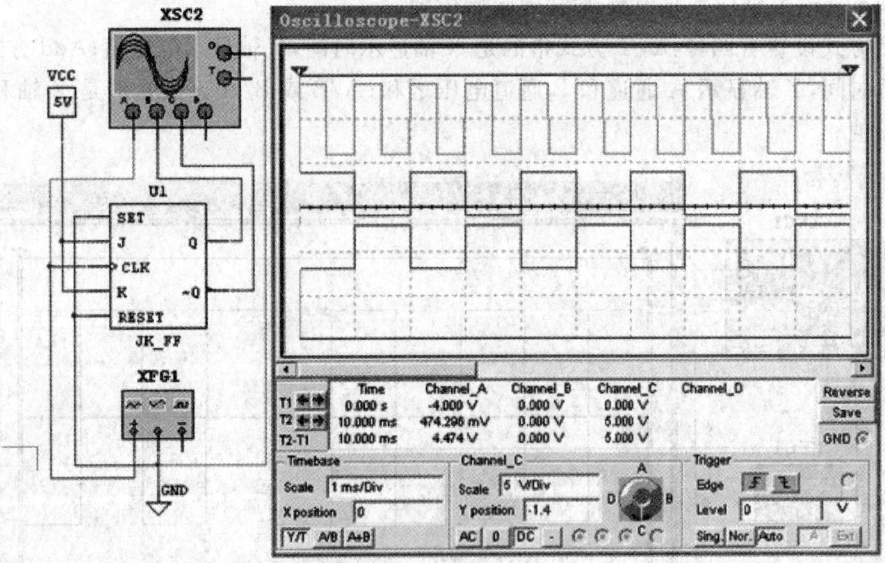

图 3.1.24　四通道示波器

6. 波特图仪(Bode Plotter)

利用波特图仪可以方便地测量和显示电路的频率响应。波特图仪适合于分析滤波电路或电路的频率特性,特别易于观察截止频率。需要连接两路信号,一路是电路输入信号,另一路是电路输出信号,需要在电路的输入端接交流信号。

波特图仪控制面板的设置包括 Magnitude(幅值)或 Phase(相位)的选择、Horizontal(横轴)设置、Vertical(纵轴)设置、显示方式的其他设置,面板中的 F 指的是终值,I 指的是初值。在波特图仪的面板上,可以直接设置横轴和纵轴的坐标及其参数,如图 3.1.25 所示。

例如,构造一阶 RC 滤波电路,输入端加入正弦波信号源,电路输出端与示波器相连,目的是为了观察不同频率的输入信号经过 RC 滤波电路后输出信号的变化情况,如图 3.1.26 所示。

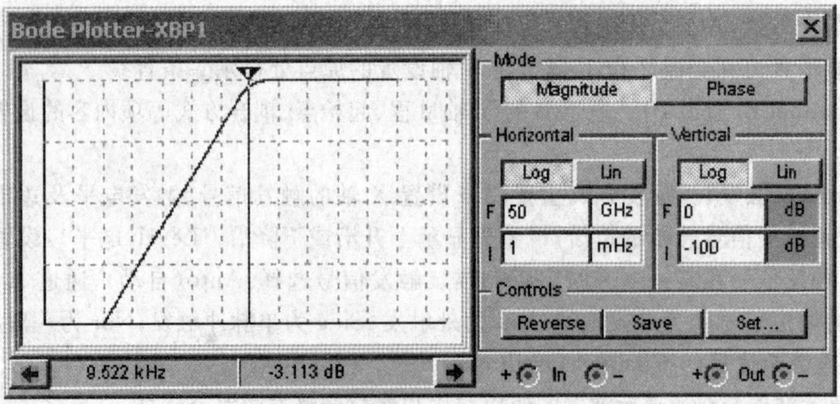

图 3.1.25　波特图仪

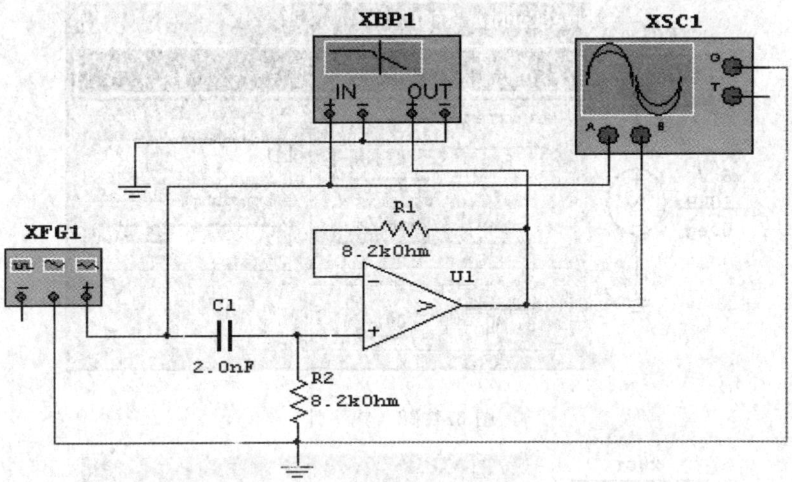

图 3.1.26　一阶 RC 滤波仿真电路

调整纵轴幅值测试范围的初值 I 和终值 F，调整相频特性纵轴相位范围的初值 I 和终值 F。

打开仿真开关，点击幅频特性，在波特图观察窗口可以看到幅频特性曲线；点击相频特性，可以在波特图观察窗口显示相频特性曲线，如图 3.1.27 所示。

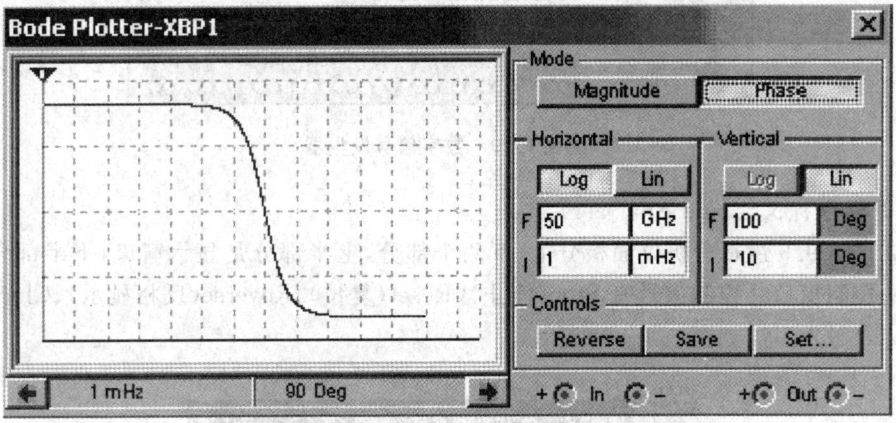

图 3.1.27　波特图仪观察到的特性曲线

7. 频率计(Frequency couter)

频率计主要用来测量信号的频率、周期、相位，脉冲信号的上升沿和下降沿。频率计的图标、面板以及使用如图 3.1.28 所示。使用过程中应注意根据输入信号的幅值调整频率计的 Sensitivity(灵敏度)和 Trigger Level(触发电平)。

8. 数字信号发生器(Word Generator)

数字信号发生器是一个通用的数字激励源编辑器，可以多种方式产生 32 位的字符串，在数字电路的测试中应用非常灵活。图 3.1.29 所示左侧是控制面板，右侧是数字信号发生器的字符窗口。控制面板分为 Controls(控制方式)、Display(显示方式)、Trigger(触发)、Frequency(频率)等几个部分。

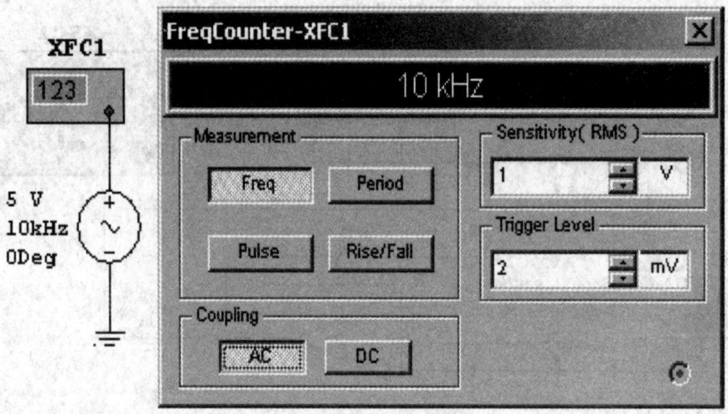

图 3.1.28　频率计

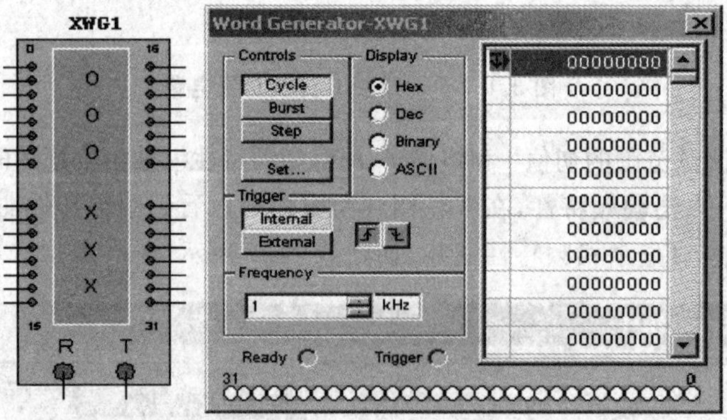

图 3.1.29　数字信号发生器

9. 逻辑分析仪(Logic Analyzer)

Multisim 9.0 逻辑分析仪面板分上、下两个部分，上半部分是显示窗口，下半部分是逻辑分析仪的控制窗口。控制信号有 Stop(停止)、Reset(复位)、Reverse(反相显示)、Clock(时钟)和 Trigger(触发)等，如图 3.1.30 所示。

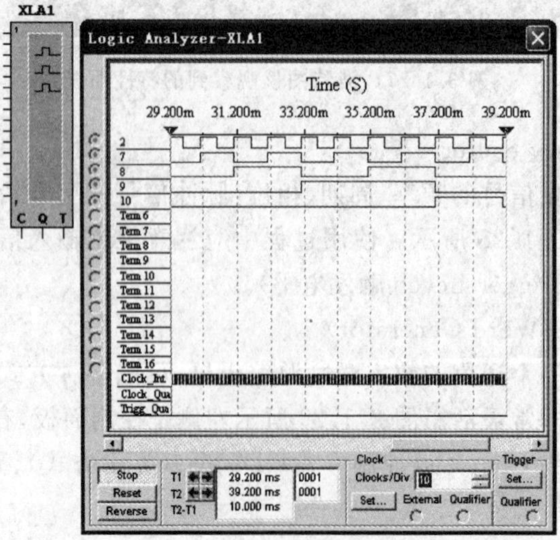

图 3.1.30　逻辑分析仪

Multisim 9.0 提供了 16 路的逻辑分析仪，用于数字信号的高速采集和时序分析。逻辑分析仪的图标如图 3.1.30 所示。逻辑分析仪的连接端口有 16 路信号输入端、外接时钟端 C、时钟限制 Q 以及触发限制 T。

10. 逻辑转换器(Logic Converter)

Multisim 提供了一种虚拟仪器——逻辑转换器，实际中没有这种仪器。逻辑转换器可以在逻辑电路、真值表和逻辑表达式之间进行转换，有 8 路信号输入端，1 路信号输出端。6 种转换功能依次是：逻辑电路转换为真值表、真值表转换为逻辑表达式、真值表转换为最简逻辑表达式、逻辑表达式转换为真值表、逻辑表达式转换为逻辑电路、逻辑表达式转换为与非门电路（见图 3.1.31）。

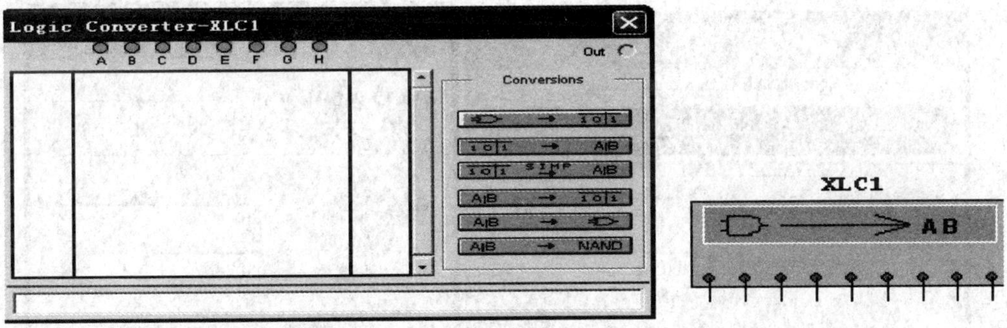

图 3.1.31　逻辑转换器

11. IV 分析仪(IV Analyzer)

IV 分析仪专门用来分析晶体管的伏安特性曲线，如二极管、NPN 管、PNP 管、NMOS 管、PMOS 管等器件。IV 分析仪相当于实验室的晶体管图示仪，需要将晶体管与连接电路完全断开，才能进行 IV 分析仪的连接和测试。IV 分析仪有三个连接点，实现与晶体管的连接。IV 分析仪面板左侧是伏安特性曲线显示窗口，右侧是功能设置区，如图 3.1.32 所示。

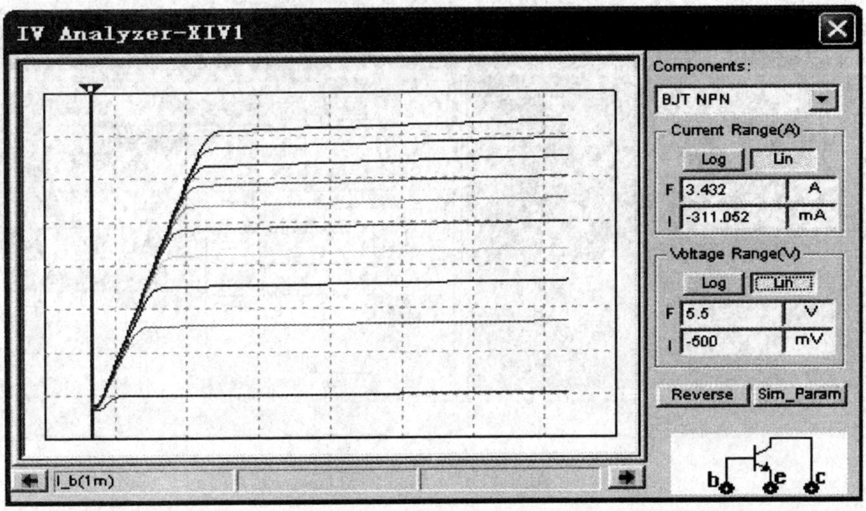

图 3.1.32　IV 分析仪

12. 失真度仪(Distortion Analyzer)

失真度仪专门用来测量电路的信号失真度，失真度仪提供的频率范围为 20 Hz ～100 kHz。

如图 3.1.33(a)所示，失真度仪面板最上方给出测量失真度的提示信息和测量值。Fundamental Freq(分析频率)处可以设置分析频率值；选择分析 THD(总谐波失真)或 SINAD(信噪比)，单击 Set 按钮，打开设置窗口，如图 3.1.33(b)所示。

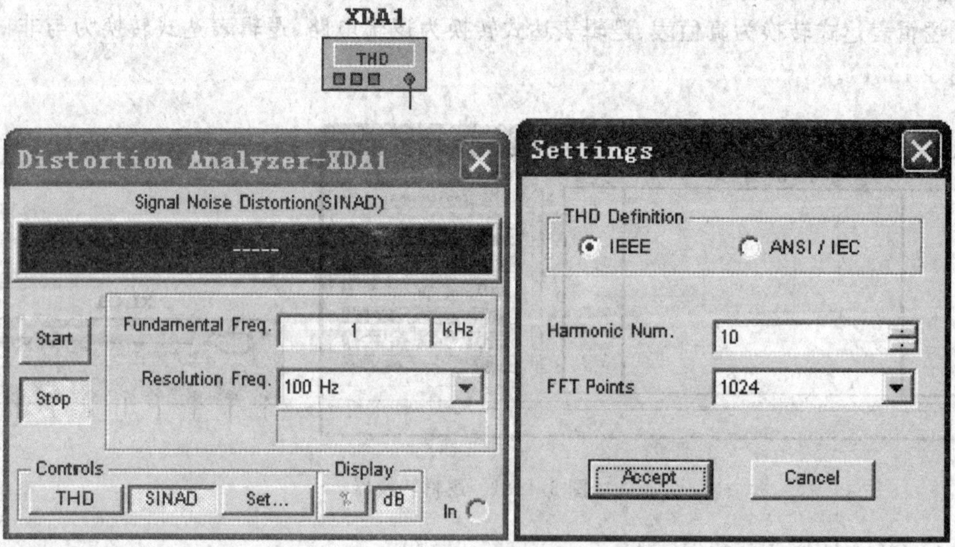

(a) (b)

图 3.1.33 失真度仪

13. 频谱分析仪(Spectrum Analyzer)

频谱分析仪用来分析信号的频域特性，其频域分析范围的上限为 4 GHz(见图 3.1.34)。

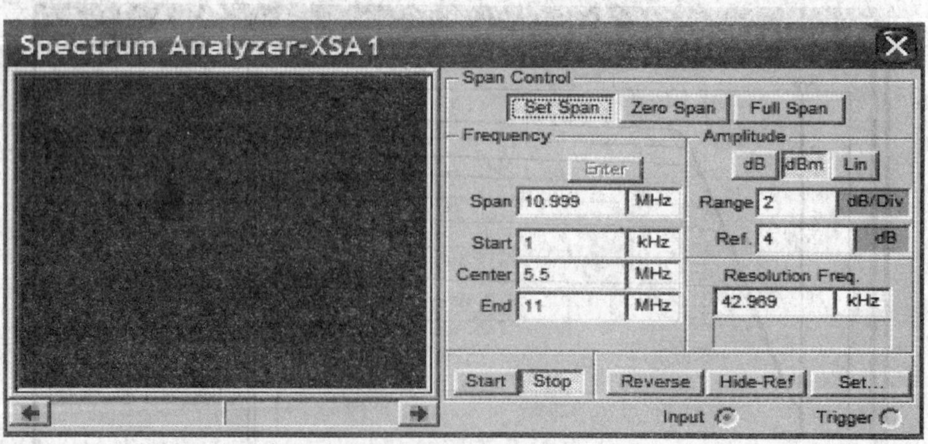

图 3.1.34 频谱分析仪

Span Control 用来控制频率范围：选择 Set Span 的频率范围由 Frequency 区域决定；选择

Zero Span 的频率范围由 Frequency 区域设定的中心频率决定；选择 Full Span 的频率范围为 1kHz～4GHz。Frequency 用来设定频率：Span 设定频率范围，Start 设定起始频率，Center 设定中心频率，End 设定终止频率。Amplitude 用来设定幅值单位，有三种选择：dB，dBm，Lin。

Resolution Freq. 用来设定频率分辨的最小谱线间隔，简称频率分辨率。

14. 网络分析仪(Network Analyzer)

网络分析仪主要用来测量双端口网络的特性，如衰减器、放大器、混频器、功率分配器等。Multisim 9.0 提供的网络分析仪可以测量电路的 S 参数，并计算出 H，Y，Z 参数，如图3.1.35 所示。

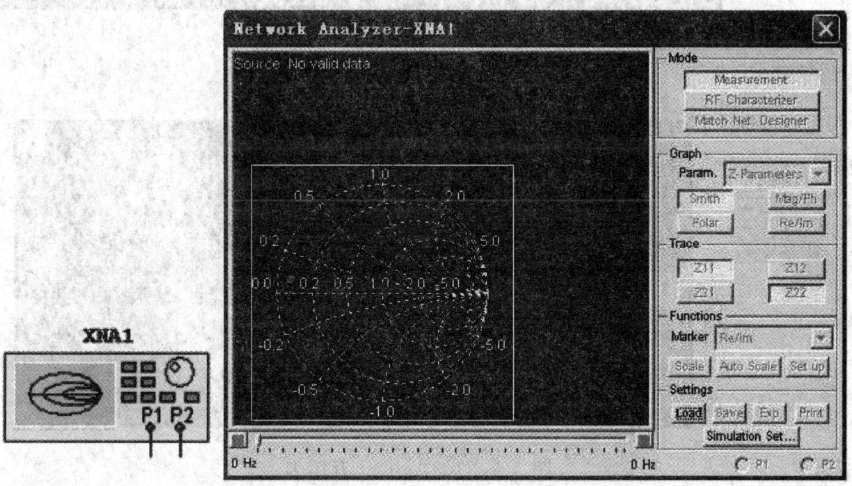

图 3.1.35　网络分析仪

Mode 提供分析模式：Measurement 测量模式，RF Characterizer 射频特性分析模式，Match Net Designer 电路设计模式。Graph 用来选择要分析的参数及模式，可选择的参数有 S 参数、H 参数、Y 参数、Z 参数等。模式选择有 Smith(史密斯模式)，Mag/Ph(增益/相位频率响应，波特图)，Polar(极化图)，Re/Im(实部/虚部)。Trace 用来选择需要显示的参数。

Marker 用来提供数据显示窗口的三种显示模式：Re/Im 为直角坐标模式；Mag/Ph (Degs)为极坐标模式；dB Mag/Ph(Deg)为分贝极坐标模式。Settings 用来提供数据管理；Load 读取专用格式数据文件；Save 存储专用格式数据文件；Exp 输出数据至文本文件；Print 打印数据。Simulation Set 按钮用来设置不同分析模式下的参数。

15. 仿真 Agilent 仪器

仿真 Agilent 仪器有三种：Agilent 信号发生器、Agilent 万用表、Agilent 示波器。这三种仪器与真实仪器的面板，按钮、旋钮操作方式完全相同，使用起来更加真实。

(1)Agilent 信号发生器。Agilent 信号发生器的型号是 33120A，其图标和面板如图 3.1.36所示，这是一个高性能 15 MHz 的综合信号发生器。Agilent 信号发生器有两个连接端，上方是信号输出端，下方是接地端。单击最左侧的电源按钮，即可按照要求输出信号。

(2)Agilent 万用表。Agilent 万用表的型号是 34401A，其图标和面板如图 3.1.37 所示，这是一个高性能 6 位半的数字万用表。Agilent 万用表有五个连接端，应注意按面板的提示信息连接。单击最左侧的电源按钮，即可使用万用表，实现对各种电类参数的测量。

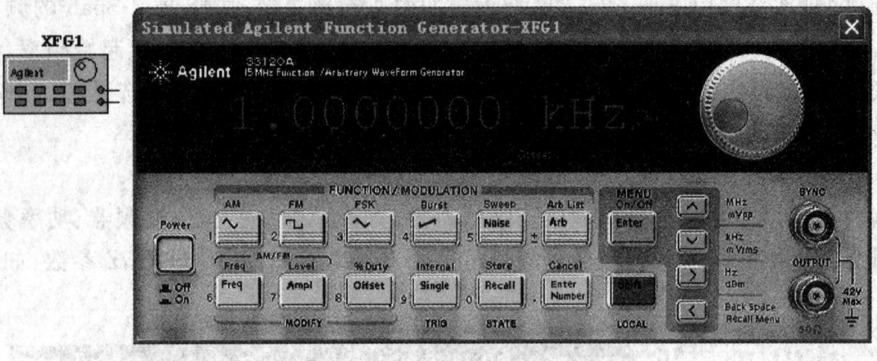

图 3.1.36　Agilent 信号发生器

图 3.1.37　Agilent 万用表

(3)Agilent 示波器。Agilent 示波器的型号是 54622D,图标和面板如图 3.1.38 所示,这是一个有 2 个模拟通道、16 个逻辑通道的 100 MHz 的宽带示波器。Agilent 示波器下方的 18 个连接端是信号输入端,右侧是外接触发信号端、接地端。单击电源按钮,即可使用示波器实现各种波形的测量(见图 3.1.38)。

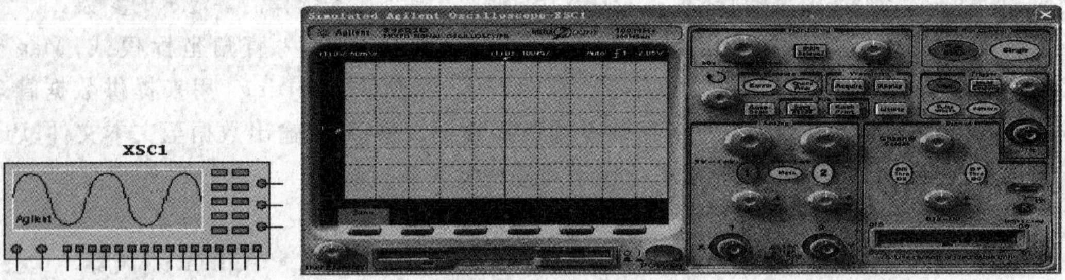

图 3.1.38　Agilent 示波器

3.2　仿真电路设计举例

本节介绍如何放置元件,如何为元件连线,如何建立电路并进行仿真。步骤如下:

(1)选择要使用的元件,放置在电路窗口中希望的位置上;

(2)调整元器件的方向；

(3)连接元器件；

(4)调用仪器并连接于电路中；

(5)保存电路。

下面通过实例,具体说明各步骤。图 3.2.1 是完成本节中各个步骤后的串联谐振电路仿真图。

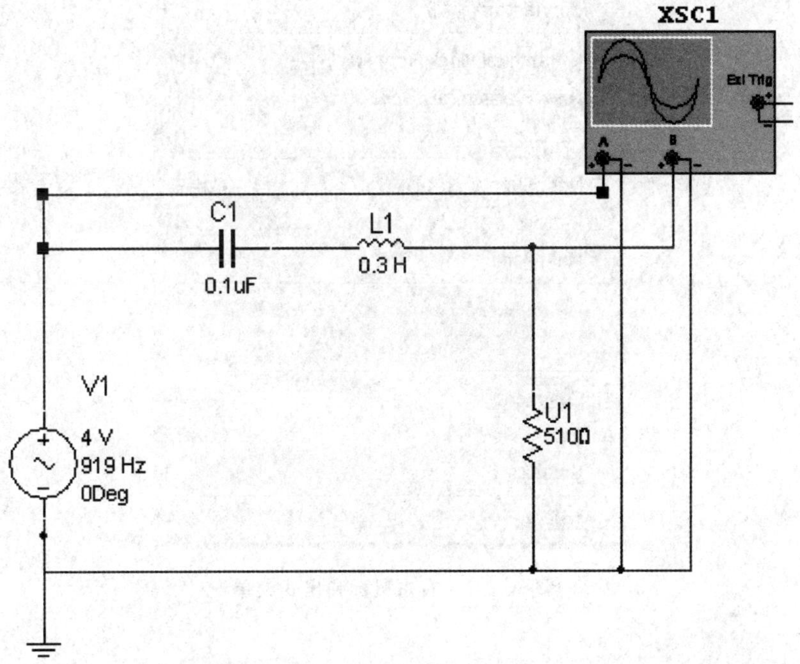

图 3.2.1　串联谐振电路仿真图

1. 建立电路

运行 Multisim 9.0,它会自动打开一个空白的电路文件。电路的颜色、尺寸和显示模式等为默认状态。

2. 放置元器件

(1)关于元件工具栏。元件工具栏默认是可见的,如果不可见,请选择 View/Toolbars/Components (元件工具栏)或 Virtual(虚拟工具栏),即可打开相应的元件工具栏。

在元件工具栏中选择所需的元器件组按钮(这种方式最为快捷),也可以用 Place/Place Component 放置元件,还可以右击当前窗口中空白处,出现如图 3.2.2 所示选择菜单。选择 Component... 项,可打开如图 3.2.3 所示的元件选择窗口 1,在窗口中进行查找和做相应的选择,即可取出相应的元器件。

在图 3.2.3 中,Multisim 9.0 有三个层次的元器件数据库(即 Multisim 主数据库 Master Database、合作项目数据库 Corporate Databse、用户数据库 User Database),在库中有相应的元件组,各组中有相应的元件族,各元件族中有不等数量、不同型号的元器件,同时图中还显示了该元件的功能、电路符号、模型提供商(元件生产商)、引脚及封装类型,还提供了详细说明资料按钮、元件搜索按钮(在知道元器件名称,不知道所要元件在哪个库或元件族中时,此功能极其有用)、选择确定等功能按钮。

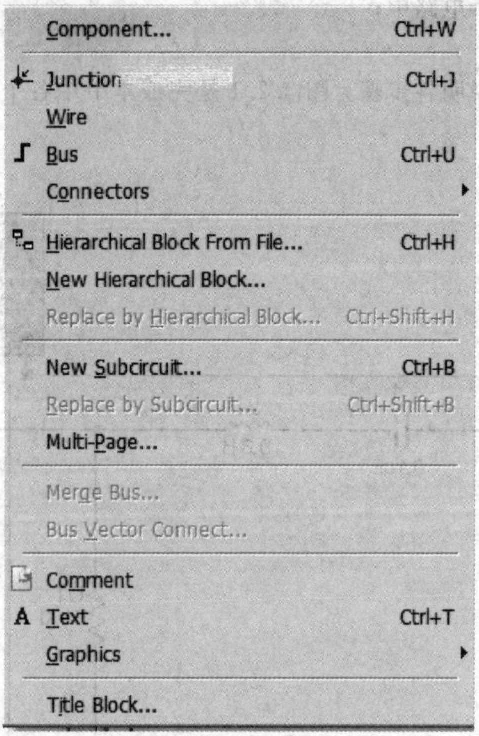

图 3.2.2 右击鼠标弹出式菜单

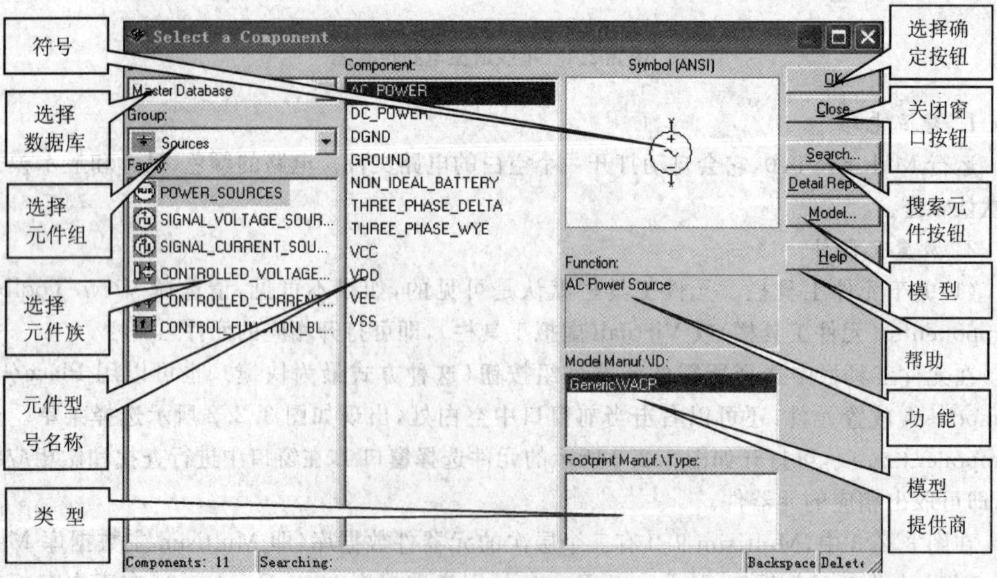

图 3.2.3 元件选择窗口 1

(2)放置元件。

第一步,放置基本元件 。放置第一个元件时,应分析一下要完成的电路,在电路中起核心作用的是哪个器件,首先将其放置于设计窗中的适当位置,其他器件(外围、辅助器件)在其周围放置,以便连线、调整位置等,使其符合设计习惯或要求。

1)点击(基本元件组)工具按钮,选择(固定阻值电阻),显示如图 3.2.4 所示元件选择窗口 2。在"Component:"栏中选择 510 Ω,双击(或点击 OK),即可取出 510 Ω 于鼠标箭头上,随意愿拖到设计窗中任何位置,再点击即确定放置,如图 3.2.5 所示,将电阻放置于(2,B)。也可以在虚拟元件栏中选择所需要的元器件模型,做型号、模型修改,但只能用于仿真,不能将"设计"产生的网表(文件)传送到 PCB 版图制作等工具中去,也就是说虚拟器件中不含封装模型。

2)元件的移动定位。移动的步长可以设置,但一般不用。在选中元件后,按键盘上的上、下、左、右按钮,进行元件定位。如果在窗口中显示栅格后,会发现每按一次方向键,元件就移动一小格(默认值为 1 twip,设置步长也就是设置栅格尺寸)。用这种方法可以十分精确地安放元件。

第二步,将图 3.2.1 中其他元件调入设计窗。放置完电阻后,图 3.2.4 所示窗口仍然存在,点击元件族(如)时,图 3.2.4 所示窗口中的内容会自动变化。当然可以直接在图中通过选择数据库(Database)→ 元件组(Group)→ 元件族(Family:)→ 元件型号(Comonent:)→ OK 的顺序来选择器件(不是每步都必要)。还可以通过 Search... 按钮,输入元件型号的办法选择器件。如此,放置完所有器件后,窗口如图 3.2.5 所示。

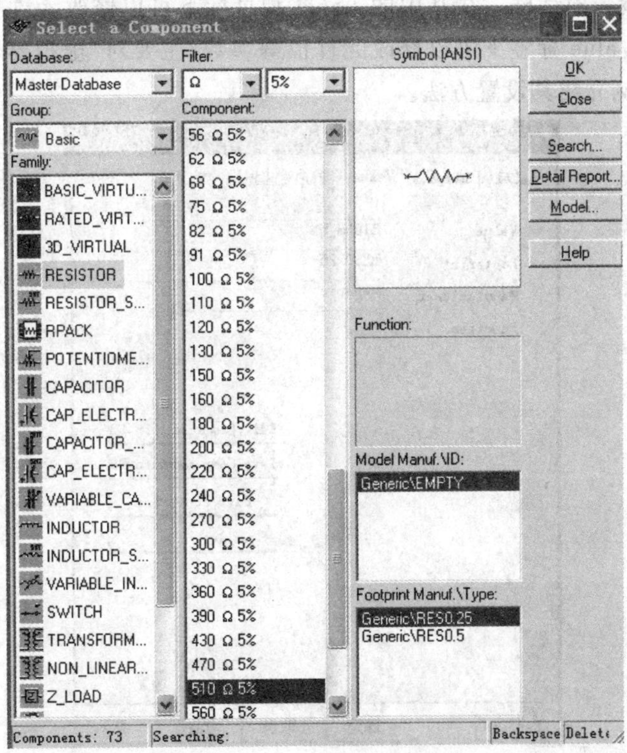

图 3.2.4　元件选择窗口 2

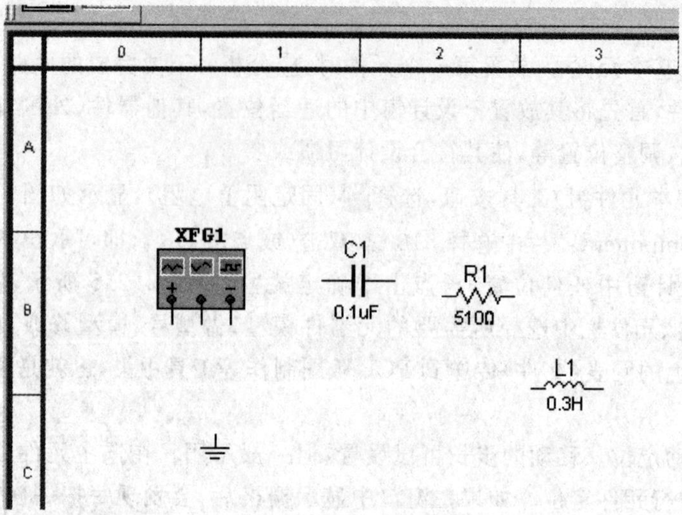

图 3.2.5 放置元件窗口

第三步，调整器件位置。有些器件的摆放位置和方向不符合要求，需要调整。可以用鼠标选中，右击，在弹出菜单中，选择 Flip Horizontal（横向翻转 180°）、Flip Vertical（纵向翻转 180°）、90° Clockwise（顺时针旋转 90°）、90° Countercw（逆时针旋转 90°）等进行方向调整，并移动到合适位置。

第四步，修改元件参数及标号。有效元件的标号不合乎要求，可以选中并双击，出现如图 3.2.6 所示的参数设置对话框。在其中的 Label 翻页标下可以修改元件符号（如将电位器标号修改为 Rw），在 Value 标签下可以修改元件值等参数（主要对"虚拟器件"修改）等，在此仅以电源值的修改为例介绍其设置方法。

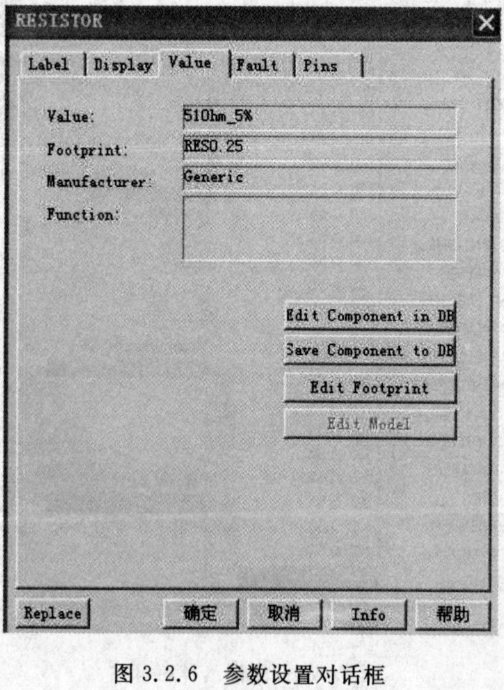

图 3.2.6 参数设置对话框

选中信号源双击，在图中可见其默认电压值为 1 V，频率为 1 Hz。可以容易地将电压值修改为需要的值（如 4 V，1 kHz），然后点击“确定”按钮，即完成元件值修改的全过程。

Multisim 9.0 用两种方法区分虚拟元件。一是虚拟元件与真实元件的默认颜色不同，这样会提醒这些元件不是真实的（即仅适用于模型仿真，没有封装模型，也就是说它不能在市场上购买到），不会输出到 PCB 布线软件。二是放置虚拟元件时不需从图 3.2.4 所示的元件选择窗口中选择（在此窗口中同样可以完成），可以点击虚拟元件组进行选择。另外，它可以任意设置元件参数（“真实元件”不能）。真实元件是指模型参数、封装形式都是器件生产商提供的，也就是说“市场上可以买到的元件”，用其构造的电路通过仿真后，可以生产能被 PCB 版图设计软件（如 Ultiboard，Protel 等）接受的文件，进行制作实体。

3. 子电路设计

三相电路需要三相对称交流电源，利用 Multisim 9.0 用三个单相交流电源，设置电压幅值相同，相位差为 120°，组合成一个对称的三相交流电源。为了简化电路的设计，把组合的三相交流对称电源设计成一个子电路，可以随时调用，给电路编辑带来方便。

具体设计步骤如下：

(1)在 Multisim 9.0 窗口，按照图 3.2.7 所示的电路连接好三相电源电路。

(2)点击主菜单 Place，选择 Connectors，在其下选 HB/SC Connector（或在窗口空白处单击鼠标右键，在出现的弹出式菜单中选择 Place Schematic，在其下选 HB/SC Connector），端口出现在鼠标箭头上。将端口调整好后放置在合适的位置，连接到子电路的输出端，最后双击端口符号，为新的端口设置端口名。

(3)执行菜单命令 Place/Replace by Subcircuit，或在空白处点击鼠标右键，在弹出的菜单中选择 Paste as Subcircuit，将提示输入子电路名，如图 3.2.8(a)所示。输入子电路名，单击“OK”按钮，该子电路即以一个元件的形式显示在电路窗口中，如图 3.2.8(b)所示。

(4)若要编辑该子电路，双击其图标，就可以依据需求进行再次的修改。

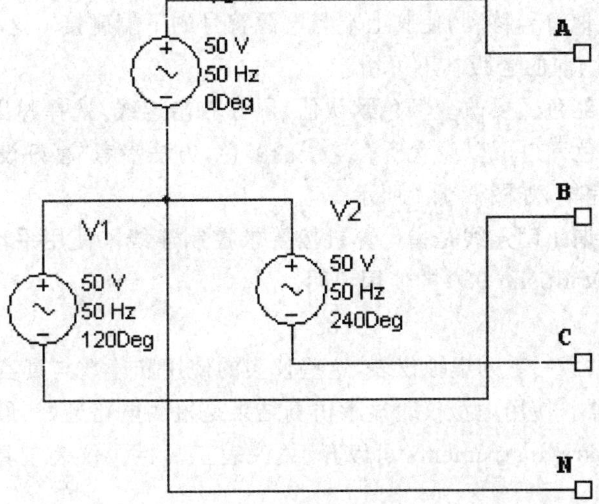

图 3.2.7　三相对称电源电路

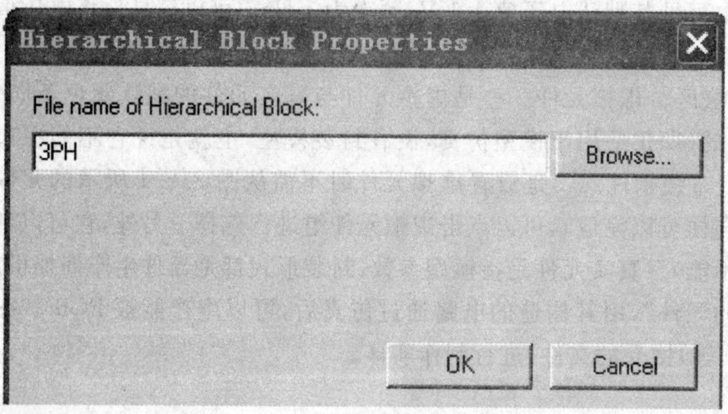

(a)

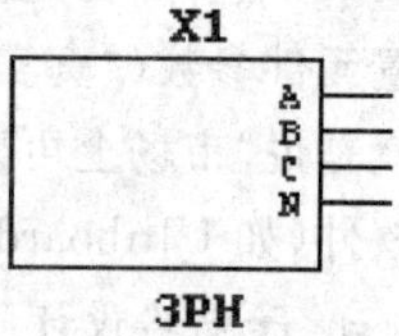

(b)

图 3.2.8　子电路

(a)子电路命名；(b)出现在窗口中的子电路

4. 电路连接

Multisim 9.0 有自动与手动两种连线方法。自动连线为 Multisim 9.0 特有，选择管脚间最好的路径自动完成连线，它可以避免连线通过元件和连线重叠；手动连线要求用户控制连线路径。可以将自动连线与手动连线结合使用，比如，开始用手动连线，然后让 Multisim 9.0 自动地完成连线。对于本电路，大多数连线用自动连线完成。

(1)自动连线。下面开始为 XFG1 和地连线。

1) 点击 XFG1 下边的(－)管脚，拖动鼠标。

2) 点击接地上边的管脚，两个元件就自动完成了连线，结果如图 3.2.9 所示。

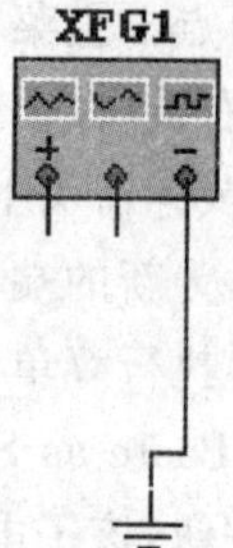

图 3.2.9　自动连线

还可以采用"将接地符号移动，使其上端与电源符号的下端碰接"，这种方法也很可靠。这种方法 Multisim 9.0 以前的老版本不可用。

注意：连线默认为红色。要改变颜色默认值，鼠标右击连线，选择弹出式菜单的 WireColor，即可设置喜欢的颜色。也可以设置所有连线的颜色，方法参考"喜好设置"。

如此将电路连接完毕，如图 3.2.1 所示。

(2)手动连线。所谓手动连线是指计算机按要求控制连线。使用手动连线可以精确地控制路径。详细请参考 Multisim 9.0 的使用说明。

5. 电路仿真

Multisim 9.0 提供了一系列虚拟仪表，这些仪表的使用和读数与真实的仪表相当，感觉就像实验室中使用的仪器。使用虚拟仪表显示仿真结果是检测电路最好、最简便的方法。

选择 View/Toolbars/Instruments 可以开、关仪表工具栏。仪表工具栏中每一个按钮代表一种仪表。

虚拟仪表都有两种视图：连接于电路的仪表图标，打开的仪表(可以设置仪表的控制和显示选项)，如图 3.2.10 所示。3D 虚拟仪表的使用与真实仪表非常相似，让使用者有真实仪表的操作感。关于 Agilent 34401 外用表、Agilent 33120 信号源、Agilent 54622D 示波器以及 Tektronix TDS 2024 示波器的功能使用，请参考相关 Multisim 9.0 的使用说明。

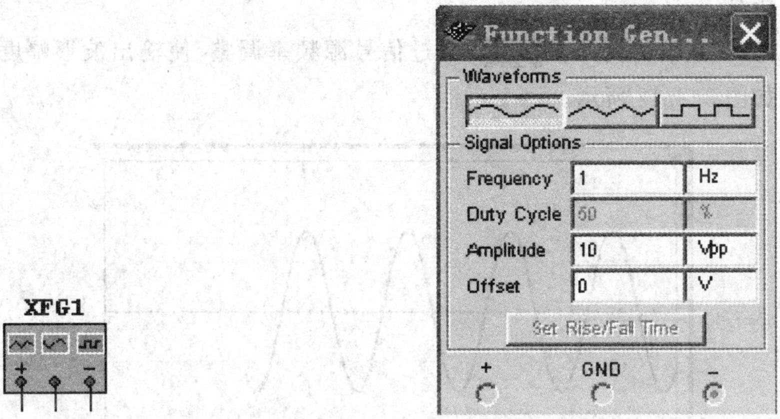

(a)　　(b)

图 3.2.10　仪表的两种视图

(a)电路连接图标；（b)仪器设置、观察窗口

下面以添加信号发生器和示波器为例，简明扼要地指导仪表的使用。以图 3.2.1 所示电路为例，进行仪表的调用、连接、设置和仿真效果观察。

第一步，添加仪表。

(1)在仪器工具栏中选择信号源按钮，鼠标箭头上的显示表明已经准备好放置仪表。

(2)移动鼠标至窗口电路的相应位置，然后点击鼠标。

(3)仪器图标出现在电路窗口中。

(4)和元器件一样，可对仪表进行位置、方向的调整，现在可以给仪表连线了。

【注】 和信号源一样，选择示波器按钮来放置示波器。

第二步，给仪表连线。连线方法与电路元器件类似，连接完毕，电路如图 3.2.11 所示。

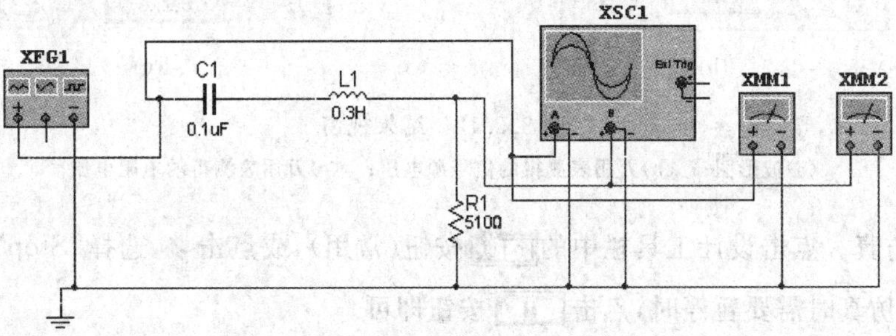

图 3.2.11　连接好的串联谐振仿真电路

第三步，设置仪表。每种虚拟仪表都包含一系列的可选设置来控制它的功能及显示。下面以信号源和示波器为例，介绍仪表的设置方法。

信号源设置：在图 3.2.11 中，双击信号源 XFG1 图标，在打开的信号源设置窗口中进行所需设置，如图 3.2.10(b)所示为设置完毕的窗口，设置完毕可关闭窗口。图中设置信号输出为

1 kHz,4 V,无直流成分的正弦波(教科书中 V_{pp} 的含义为峰值,但这里实际指输出信号幅值为4V)。

第四步,仿真。

1)开始仿真。点击仿真开关,通过信号源频率调整,使输出波形幅度最大,且不失真,观察结果如图 3.2.12 所示。

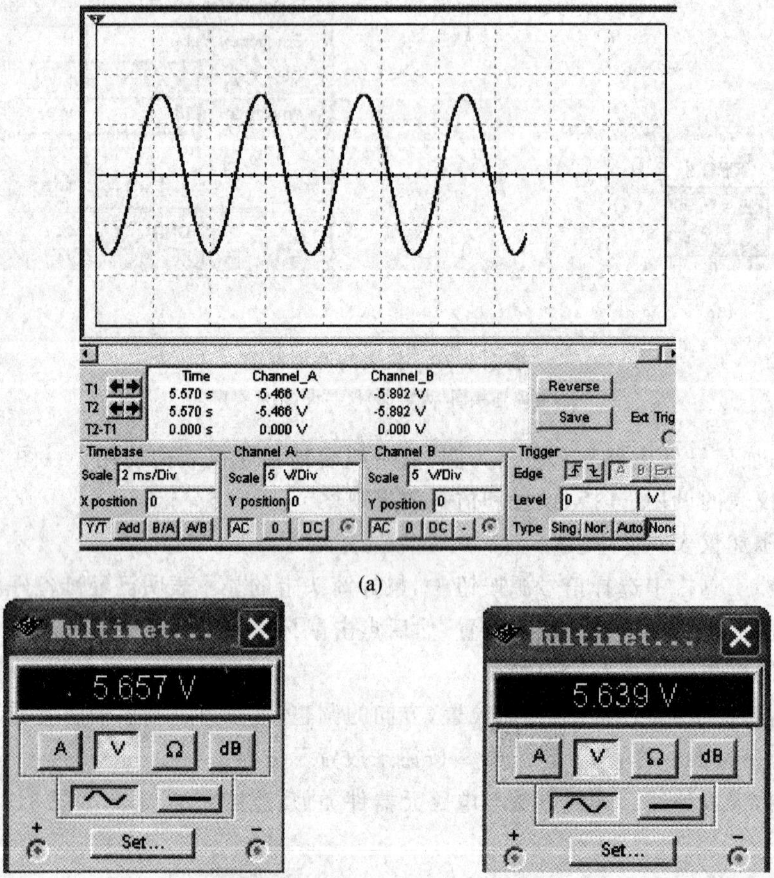

(a)

(b) (c)

图 3.2.12 结果视窗

(a)波形图; (b)万用表测得的信号源电压; (c)万用表测得的电阻电压

2)停止仿真。点击设计工具栏中的按钮(常用),或点击选择“Stop”命令(极少使用)。在运行仿真时需要暂停时,点击按钮即可。

第五步,结果分析。万用表测得信号源电压为 5.657V,测得电阻上的电压为 5.639V。由此得出该电路在目前状态下达到了谐振。

附　录

附录1　电工测量的基本知识

在电路实验中，离不开电工测量，因此首先必须了解电工测量的基本知识，包括电工测量的测量方法，电工仪表的准确度等级和测量误差，电工仪表的分类、标记和型号，对电工仪表的一般要求等。

1.1　电工测量的测量方法

电工测量的测量方法，常采用的有直接测量法和间接测量法。

一、直接测量法

直接测量法(Direct Measurement Method)是指被测量与其单位量作比较，被测量的大小可以直接从测量的结果得出。例如用电压表测量电压，读数即为被测电压值，这就是直接测量法。

直接测量法又分为直接读数法和比较法两种。上述用电压表测量电压，就是直接读数法，被测量的值可直接从指针指示的表面刻度读出。这种测量方法的设备简单，操作方便，但其准确度较低，测量误差主要来源于仪表本身的误差，误差最小的可达±0.05%。比较法是指测量时将被测量与标准量进行比较，通过比较确定被测量的值。例如用电位差计测量电压源的电压，就是将被测电压源的电压与已知标准电压源的电压相比较，并从指零仪表确定其作用互相抵消后，即可从刻度盘读出被测电压源的电压值。比较法的优点是准确度和灵敏度都比较高，测量误差主要决定于标准量的精度和指零仪表的灵敏度，误差最小可达±0.001%。比较法的缺点是设备复杂，价格昂贵，操作麻烦，多用于较精密的测量。

二、间接测量法

间接测量法(Indirect Measurement Method)是指测量时测出与被测量有关的量，然后通过被测量与这些量的关系式，计算出被测量。例如用伏安法测量电阻，首先测出被测电阻上的电压和电流，再利用欧姆定律求得被测电阻值。间接测量法的误差较大，它是各个测量仪表和各次测量中误差的综合。

1.2 有效数字

在测量中，常常需要从仪表指针的指示位置估计读出最后一位数字，这个数字称为欠准数字。超过一位的欠准数字是没有意义的，不必记入。例如附图 1.1(a)，指针指示的刻度为 4.5，小数点后的一位“5”就是估计的欠准数字。附图 1.1(b) 中，指针指示的刻度为 5.0，小数点后的一位“0”就是估计的欠准数字。仪表指针指示刻度的读数和最后一位估计数字，称为实验数据的有效数字(Significant Figure)，上述 4.5 和 5.0 都是两位有效数字。在实验记录中对有效数字做如下规定：

(1) 有效数字的位数与小数点无关，例如电压 123 V 和 0.123 kV 都是三位有效数字。

(2) “0”在数字之间或数字之末，算作有效数字，在数字之前，不算作有效数字。例如1.04，80.5，400 都是三位有效数字，而 0.024，0.24 都是两位有效数字。注意 5.40 与 5.4 的有效数字位数是不相同的，前者是三位有效数字，其中“4”是准确数字，“0”是欠准数字；而后者是两位有效数字，“4”是欠准数字。所以 5.40 的“0”不能省略，是有特定含义的。

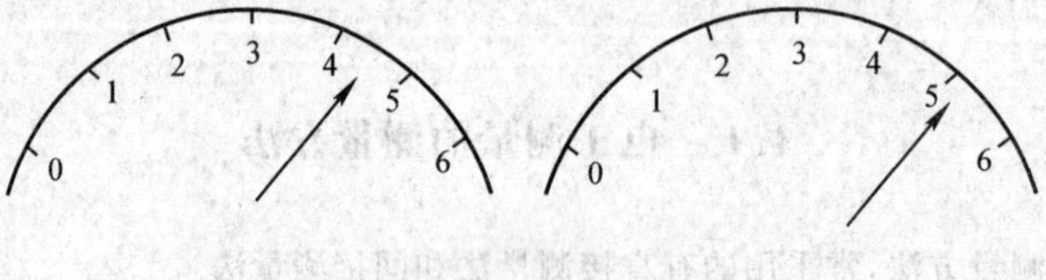

附图 1.1

(3) 遇到大数字或小数字时，有效数字的记法如下：4.60×10^3 和 4.6×10^{-3}，分别表示三位和二位有效数字。电压表的读数为 6.25 kV，是三位有效数字，可以写成 6.25×10^3 V，但不能写成 6 250 V，后者变成了四位有效数字了。3.2×10^3 和 3.20×10^3 分别为二位和三位有效数字，不能认为是相同的准确度。小数 0.000 32，可以写成 3.2×10^{-4}，有两位有效数字。

对有效数字进行计算时，为了保证运算结果的准确度，有效数字位数的记法规则如下：

(1) 运算结果只保留一位欠准数字。舍去多余的欠准数字时，近似地可采取四舍五入法。

(2) 运算中的常数，如π，$\sqrt{2}$，e或仪表的量限等，可根据需要任意取用有效数字的位数，不加限制。

(3) 在进行数的运算时，其得数在小数点后的位数，应取与运算数中小数点后位数最少的一个位数相同。例如 $10.5+6.22=16.7$，$3.2\times6.22=16.7$，$1.243\times4.2=5.2$。有时也可根据需要多保留一位，但保留更多位数会使人错误地认为实验结果的准确度很高，因此是不必要的。

1.3 测量误差和仪表的准确度

一、测量误差的分类

测量中，无论采用什么样的仪表、仪器和测量方法，都会使测量结果与被测量的真实值(即实际值或简称真值）之间存在着差异，这就是测量误差（Measuring Error）。测量误差可分为三类：系统误差、偶然误差和疏忽误差。

1. 系统误差

系统误差（Systematic Error）的特点是测量结果总是向某一方向偏离，相对于真实值总是偏大或偏小，具有一定的规律性。根据其产生的原因可分为仪表误差、理论或方法误差、个人误差。

(1) 仪表误差。仪表在规定的正常工作条件下使用（仪表使用在规定的温度、湿度，规定的安置方式，没有外界电磁场的干扰等），由于仪表本身结构和制造工艺上的不完善所引起的误差，叫做仪表的基本误差（Fundamental Error）。由于仪表偏转轴的磨损、标尺刻度的不准以及外界电磁场的干扰等引起的误差，叫做仪表的附加误差（Additional Error）。

仪表误差有两种表示方法，即绝对误差和相对误差。

1) 绝对误差。仪表的测量值 A_x 与真实值 A_0 之差，叫做绝对误差（Absolute Error），用 Δ 表示，即

$$\Delta = A_x - A_0 \tag{附-1.1}$$

绝对误差的单位与被测量的单位相同。绝对误差在数值上有正、负之分。

例 1.1　用一电流表测的电流为 101 mA，用标准电流表测的该电流为 100 mA（看做真实值），求被测电流的绝对误差。

解

$$\Delta = A_x - A_0 = 101 - 100 = +1\ \text{mA}$$

2) 相对误差。用绝对误差无法比较两次不同测量结果的准确性。例如，用电流表测量 100 mA 的电流时，绝对误差为 +1 mA；测量 10 mA 的电流时，绝对误差为 +0.25 mA。虽然绝对误差是前者大于后者，但并不能说明后者的测量比前者准确，要使两次测量能够进行比较，必须采用相对误差。

绝对误差 Δ 与被测量的真实值 A_0 之比，叫做相对误差（Relative Error）。用 r 表示，常写成百分数。

$$r = \frac{\Delta}{A_0} \times 100\% \tag{附-1.2}$$

因为测量值 A_x 与真实值 A_0 相差不大，故相对误差也可近似表示为

$$r \approx \frac{\Delta}{A_x} \times 100\% \tag{附-1.3}$$

例 1.2　在上面的两次测量中测量真实值为 100 mA 的电流时，绝对误差为 +1 mA，测量真实值为 10 mA 电流时的绝对误差为 +0.25 mA，求这两次测量的相对误差。

解　第一次测量中，被测电流的相对误差为

$$r_1 = \frac{\Delta_1}{A_{01}} \times 100\% = \frac{1}{100} \times 100\% = +1\%$$

第二次测量中，被测电流的相对误差为

$$r_2 = \frac{\Delta_2}{A_{02}} \times 100\% = \frac{0.25}{10} \times 100\% = +2.5\%$$

从计算结果看出，第一次测量的绝对误差虽大，但相对误差较小，所以第一次测量比第二次测量的结果准确。工程上常采用相对误差来评定测量结果的准确程度。

例 1.3　用电流表测量真值为 5 A 的电流，测量相对误差为 $r = -1\%$，求电流表的读数。

解 被测电流的绝对误差为

$$\Delta = r \times A_0 = (-1\%) \times 5 = -0.05\ \text{A}$$

电流表的读数为

$$A_x = A_0 + \Delta = 5 + (-0.05) = 4.95\ \text{A}$$

(2) 理论误差或方法误差。这是指实验本身所依据的理论和公式的近似性，或者对实验条件及测量方法考虑得不周到带来的系统误差。例如，考虑仪表内阻对被接入电路的影响而造成的系统误差，就属于这一类。

(3) 测量者个人因素带来的个人误差。例如，被测量者反应速度的快慢、分辨能力的高低，个人的固有习惯等，致使读数总是偏大或偏小。

2. *偶然误差*

偶然误差(Accidental Error)是由于某种偶然因素所造成的，其特点是在相同的测量条件下，有时偏大，有时偏小，无规律性。例如温度、湿度、外界电磁场、电源频率的偶然变化，即使采用同一仪表去多次测量同一个量，也会得到不同的结果。

3. *疏忽误差*

疏忽误差(Careless Error)是指测量结果出现明显的错误，是由于实验者的疏忽造成读数错误或记错等引起的误差。

二、仪表的准确度等级

仪表的最大绝对误差与仪表量限(Measurement Range)比值的百分数(有时称为最大引用误差)，表示仪表的准确度(Accuracy)。设仪表的准确度等级为 K，则

$$\pm K\% = \frac{\Delta_m}{A_m} \times 100\% \qquad (附-1.4)$$

根据国家标准 GB 776—76《电器测量指示仪表通用技术条件》规定，仪表的准确度的等级有七个，即0.1，0.2，0.5，1.0，1.5，2.5，5.0级，仪表在正常工作条件下应用时，各等级仪表的基本误差不超过附表 1.1 所规定的值。

附表 1.1 误差等级

准确度等级	0.1	0.2	0.5	1.0	1.5	2.5	5.0
基本误差	±0.1%	±0.2%	±0.5%	±1.0%	±1.5%	±2.5%	±5.0%

从附表 1.1 中可知，0.1级的仪表基本误差最小，准确度最高。从式(附-1.4)可得，仪表的最大绝对误差为

$$\Delta_m = A_m \times (\pm K\%) \qquad (附-1.5)$$

则测量值的最大相对误差为

$$r_m = \frac{\Delta_m}{A_x} = \frac{A_m \times (\pm K\%)}{A_x} \qquad (附-1.6)$$

式中，A_x 为仪表的测量值。

三、测量误差的消除方法

实验中的测量误差虽然是不可避免的，但可以采取某些措施来减少或消除它们，下面介绍

几种减少和消除测量误差的一般方法。

1. 从仪表和仪器设备本身考虑

(1) 对仪表要经常进行校正。采用标准式或准确度高于被校正表的仪表进行校正，也可对被校正表的读数引入校正值。此外，仪表在使用前要进行零点调整。例如，大部分仪表在未通电时指针应指在零点，当偏离零点时，可用机械调零装置进行调整。又如用欧姆表测量电阻时，必须先用零欧姆调节旋钮调零后再进行测量。

(2) 避免用大量限仪表测量小的被测量值。因为仪表在某一个量限时的最大绝对误差 Δ_m 通常是一定的，当被测量值 A_x 小时，测量中可能的最大相对误差将会大大增加。

(3) 考虑仪表接入线路，仪表内阻对测量值的影响。例如，在负载电阻较小的线路中测量电流时，电流表的内阻 R_A 不能太大(通常要求 $R_A \leqslant \frac{1}{100}R$，$R$ 为负载电阻)；当用电压表测量大的串联电阻上某一段电压时，电压表的内阻 R_V 不能太小(通常要求 $R_V \geqslant 100R$，R 为被测电压的电阻)，否则引起测量值与电路中的实际值有较大的偏差。

(4) 仪表和仪器的安置方法要正确。水平安置的仪表不能垂直安置，否则仪表的读数误差将增大。安置仪表和仪器的环境应不受外界电磁场的干扰。

(5) 要注意仪器设备的额定值。例如，电阻箱内标准电阻元件的额定功率一般为 25 W，如果电阻箱由于过载发热，则标准电阻的值会改变，影响旋钮指示的正确性。又如低频信号发生器的输出阻抗和输出功率是一定的，当所接负载阻抗过低时，输出信号的波形会严重失真。波形的失真、频率的改变，又会使正常使用在 50 Hz 正弦波形的仪表增大误差。

2. 从测量线路和测量方法考虑

(1) 选择合理的测量线路。例如，用伏安法测量电阻，若根据被测电阻和仪表内阻的大小选择合理的测量线路，将使测量误差大为减小。

(2) 采用特殊的测量方法。例如用替代法，即用一标准量代替被测量，使仪表的读数仍保持不变，则被测量的值就等于该标准量。这样的测量结果与仪表的误差及外界条件的干扰无关。又例如指针式仪表由于偏转轴的摩擦，指针上升和指针下降时的测量结果不同，具有正、负误差的特点，若取测量结果的平均值，即可消去误差。

此外，对于偶然误差的消除，可以通过多次重复测量，求得测量结果的平均值，获得比较准确的结果。由于疏忽误差较明显，可将此测量结果舍弃。消除疏忽误差的根本方法是加强测量者的责任感，倡导认真负责和一丝不苟的工作精神。

附录 2　磁电式、电磁式、电动式仪表的工作原理

一、电工测量仪表的形式

按照工作原理，可将常用的直读式仪表分为磁电式、电磁式和电动式等几种。

直读式仪表之所以能测量各种电量，主要是利用仪表中通入电流后产生电磁作用，使可动部分受到转矩而发生转动。转动转矩与通入的电流之间存在如下的关系：

$$T = f(I)$$

为了使仪表可动部分的偏转角 α 与被测量成一定比例，必须有一个与偏转角成比例的阻

转矩 T_c 来与转动转矩 T 相平衡，即

$$T = T_c$$

这样才能使仪表的可动部分平衡在一定位置，从而反映出被测量的大小。

此外，仪表的可动部分由于惯性的关系，当仪表开始通电和被测量发生变化时，不能马上达到平衡，而要在平衡位置附近经过一定时间的振荡才能静止下来。为了使仪表的可动部分迅速静止在平衡位置，以缩短测量时间，还需要有一个能产生制动力（阻尼力）的装置，它称为阻尼器。阻尼器只在指针转动过程中才起作用。

在通常的直读式仪表中主要是由上述三部分 —— 产生转动转矩的部分、产生阻转矩的部分和阻尼器 —— 组成的。

二、磁电式仪表

磁电式仪表构造的固定部分包括马蹄形永久磁铁、极掌 NS 及圆柱形铁芯等。极掌与铁芯之间的空气隙的长度是均匀的，产生均匀的磁场，如附图 2.1 所示。仪表的可动部分包括铝框及线圈，前后两根半轴 O 和 O′，螺旋弹簧（或用张丝）及指针等。铝框套在铁芯上，铝框上绕有线圈，线圈的两头与连在半轴 O 上的两个螺旋弹簧的一端相连，弹簧的另一端固定，以便将电流通入线圈。指针也固定在半轴 O 上。

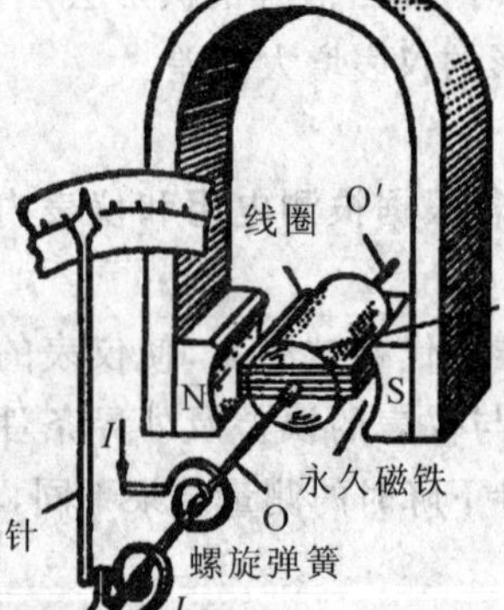

附图 2.1　磁电式仪表

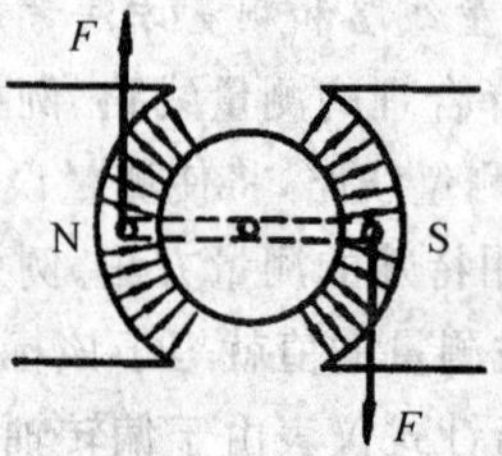

附图 2.2　磁电式仪表的转矩

当线圈通有电流 I 时，由于与空气隙中磁场的相互作用，线圈的两有效边受到大小相等、方向相反的力，其方向（见附图 2.2）由左手定则确定，其大小为

$$F = BlNI$$

式中，B 为空气隙中的磁感应强度；l 为线圈在磁场内的有效长度；N 为线圈的匝数。

如果线圈的宽度为 b，则线圈所受的转矩为

$$T = Fb = BlbNI = k_1 I \qquad (附-2.1)$$

式中，$k_1 = BlbN$ 是一个比例常数。

在这转矩的作用下，线圈和指针便转动起来，同时螺旋弹簧被扭紧而产生阻转矩。弹簧的阻转矩与指针的偏转角成正比，即

$$T_c = k_2 \alpha \qquad (附-2.2)$$

当弹簧的阻转矩与转动转矩达到平衡时,可动部分便停止转动。这时

$$T = T_c \quad (附- 2.3)$$

即

$$\alpha = \frac{k_1}{k_2} I = kI \quad (附- 2.4)$$

由上式可知,指针偏转的角度是与流经线圈的电流成正比的,按此即可在标度尺上作均匀刻度。当线圈中无电流时,指针应指在零的位置。如果不在零的位置,可用校正器进行调整。

磁电式仪表的阻尼作用是这样产生的:当线圈通有电流而发生偏转时,铝框切割永久磁铁的磁通,在框内感应出电流,这电流再与永久磁铁的磁场作用,产生与转动方向相反的制动力,于是仪表的可动部分就可受到阻尼作用,迅速静止在平衡位置。这种仪表只能用来测量直流,如通入交流电流,则可动部分由于惯性较大,将赶不上电流和转矩的迅速交变而静止不动。也就是说,可动部分的偏转是决定于平均转矩的,而不是决定于瞬间转矩。在交流的情况下,这种仪表的转动转矩的平均值为零。

磁电式仪表的优点是:刻度均匀,灵敏度和准确度高,阻尼强,消耗电能少。由于仪表本身的磁场强,因此受外界磁场的影响很小。这种仪表的缺点是:只能测量直流,价格较高。由于电流须流经螺旋弹簧,因此不能承受较大过载,否则将引起弹簧过热,使弹性减弱,甚至被烧毁。

磁电式仪表常用来测量直流电压、直流电流及电阻等。

三、电磁式仪表

电磁式仪表常采用推斥式的构造,如附图 2.3 所示。它的主要部分是固定的圆形线圈,圆形线圈内部有固定铁片和固定在转轴上的可动铁片。当线圈中通有电流时,产生磁场,两铁片均被磁化,同一端的极性是相同的,因而互相推斥,可动铁片因受斥力而带动指针偏转。在线圈通有交流电流的情况下,由于两铁片的极性同时改变,因此仍然产生推斥力。

可以近似地认为,作用在铁片上的吸力和仪表的转动转矩是和通入线圈的电流的平方成正比的。在通入直流电流 I 的情况下,仪表的转动转矩为

$$T = k_1 I^2 \quad (附- 2.5)$$

在通入交流电流 i 时,仪表的可动部分的偏转决定于平均转矩,它和交流电流有效值 I 的平方成正比,即

$$T = k_1 I^2 \quad (附- 2.6)$$

和磁电式仪表一样,产生阻转矩的也是连在转轴上的螺旋弹簧。和式(附- 2.2) 一样,即

$$T_c = k_2 \alpha$$

当阻转矩与转动转矩达到平衡时,可动部分即停止转动。这时

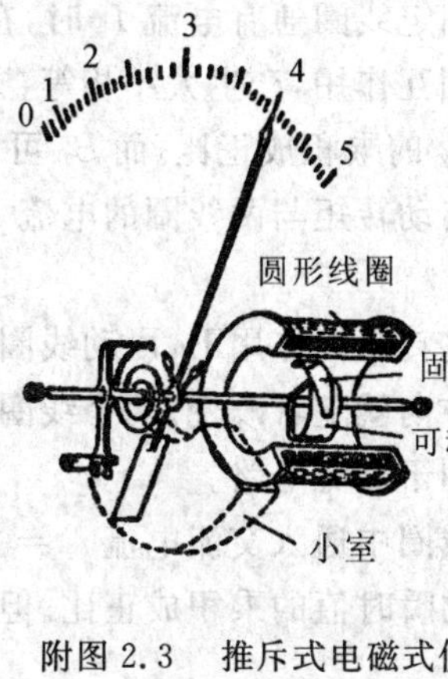

附图 2.3 推斥式电磁式仪表

$$T = T_c$$

即

$$\alpha = \frac{k_1}{k_2} I^2 = kI^2 \quad (附- 2.7)$$

由上式可知,指针的偏转角与直流电流或交流电流有效值的平方成正比,所以刻度是不均匀的。

在这种仪表中产生阻尼力的是空气阻尼器。其阻尼作用是由与转轴相连的活塞在小室中移动而产生的。

电磁式仪表的优点是：构造简单，价格低廉，可用于交直流，能测量较大电流和允许较大的过载。其缺点是：刻度不均匀，易受外界磁场（本身磁场很弱）及铁片中磁滞和涡流（测量交流时）的影响，因此准确度不高。

这种仪表常用来测量交流电压和电流。

四、电动式仪表

电动式仪表有两个线圈：固定线圈和可动线圈，如附图 2.4 所示。后者与指针及空气阻尼器的活塞都固定在转轴上。和磁电式仪表一样，可动线圈中的电流也是通过螺旋弹簧引入的。

附图 2.4　电动式仪表

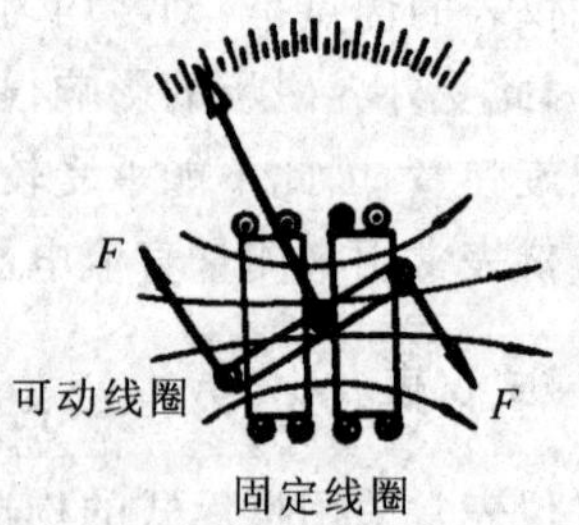

附图 2.5　电动式仪表的转矩

当固定线圈通有电流 I_1 时，在其内部产生磁场（磁感应强度为 B_1），可动线圈中的电流 I_2 与磁场相互作用，产生大小相等、方向相反的两个力（见附图 2.5），其大小则与磁感应强度 B_1 和电流 I_2 的乘积成正比。而 B_1 可以认为是与电流 I_1 成正比的，所以作用在可动线圈上的力或仪表的转动转矩与两线圈的电流 I_1 和 I_2 的乘积成正比，即

$$T = k_1 I_1 I_2 \tag{附-2.8}$$

在这转矩的作用下，可动线圈和指针便发生偏转。任何一个线圈中电流的方向改变，指针偏转的方向就随着改变。两个线圈中的电流的方向同时改变，偏转的方向不变。因此，电动式仪表也可用于交流电路。

当线圈中通入交流电流 $i_1 = I_{1m}\sin\omega t$ 和 $i_2 = I_{2m}\sin(\omega t + \varphi)$ 时，转动转矩的瞬时值即与两个电流的瞬时值的乘积成正比。但仪表可动部分的偏转是决定于平均转矩的，即

$$T = k_1 I_1 I_2 \cos\varphi \tag{附-2.9}$$

式中，I_1 和 I_2 是交流电流 i_1 和 i_2 的有效值；φ 是 i_1 和 i_2 之间的相位差。

当螺旋弹簧产生的阻转矩 $T_c = k_2\alpha$ 与转动转矩达到平衡时，可动部分便停止转动。这时

$$T = T_c$$

即

$$\alpha = kI_1 I_2 \quad （直流） \tag{附-2.10}$$

或

$$\alpha = kI_1 I_2 \cos\varphi \quad （交流） \tag{附-2.11}$$

电动式仪表的优点是适用于交直流，同时由于没有铁芯，因此准确度较高。其缺点是受外界磁场的影响大（本身的磁场很弱），不能承受较大过载。

电动式仪表可用在交流或直流电路中测量电流、电压及功率等。

附录3　电流、电压的测量

一、电流的测量

测量直流电流通常都用磁电式电流表，测量交流电流主要采用电磁式电流表。电流表应串联在电路中，如附图 3.1(a) 所示。为了使电路的工作不因接入电流表而受影响，电流表的内阻必须很小。因此，如果不慎将电流表并联在电路的两端，则电流表将被烧毁，在使用时必须特别注意。

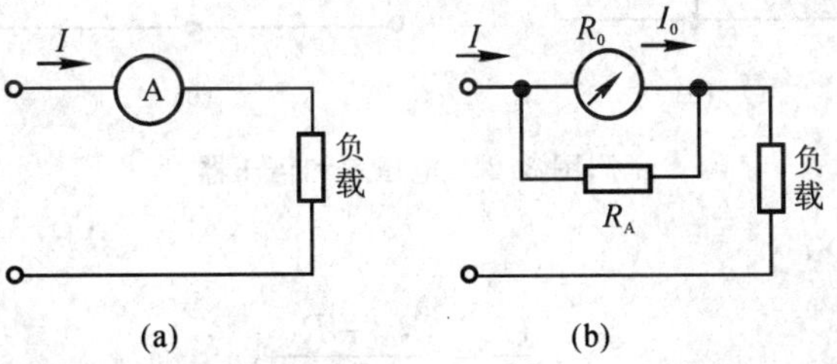

附图 3.1　电流表和分流器

采用磁电式电流表测量直流电流时，因其测量机构（即表头）所允许通过的电流很小，故不能直接测量较大电流。为了扩大它的量程，应该在测量机构上并联一个称为分流器的低值电阻，如附图 3.1(b) 所示。这样，通过磁电式电流表的测量机构的电流 I_0 只是被测电流的一部分，但两者有如下关系：

$$I_0 = \frac{R_A}{R_A + R_0} I$$

即

$$R_A = \frac{R_0}{\frac{I}{I_0} - 1} \tag{附-3.1}$$

式中，R_A 是测量机构的电阻。由上式可知，需要扩大电流表的量程愈大，则分流器的电阻应愈小。多量程电流表具有几个标有不同量程的接头，这些接头可分别与相应阻值的分流器并联。分流器一般放在仪表的内部，成为仪表的一部分，但较大电流的分流器常放在仪表的外部。

例 3.1　有一磁电式电流表，当无分流器时，表头的满标值电流为 5 mA。表头电阻为 20 Ω。今欲使其量程（满标值）为 1 A，问分流器的电阻应为多大？

解

$$R_A = \frac{R_0}{\frac{I}{I_0} - 1} = \frac{20}{\frac{1}{0.005} - 1} = 0.100\,5\ \Omega$$

用电磁式电流表测量交流电流时，不用分流器来扩大量程。这是因为一方面电磁式电流表的线圈是固定的，可以允许通过较大电流；另一方面测量交流电流时，由于电流的分配不仅与电阻有关，并且也与电感有关，因此分流器很难制得精确。如果要测量几百安培以上的交流电流，则利用电流互感器来扩大量程。

二、电压的测量

测量直流电压常用磁电式电压表，测量交流电压常用电磁式电压表。电压表是用来测量电源、负载或某段电路两端的电压的，所以必须和它们并联，如附图 3.2(a) 所示。为了使电路工作不因接入电压表而受影响，电压表的内阻必须很高。而测量机构的电阻是不大的，所以必须和它串联一个称为倍压器的高值电阻，如附图 3.2(b) 所示，这样就使电压表的量程扩大了。

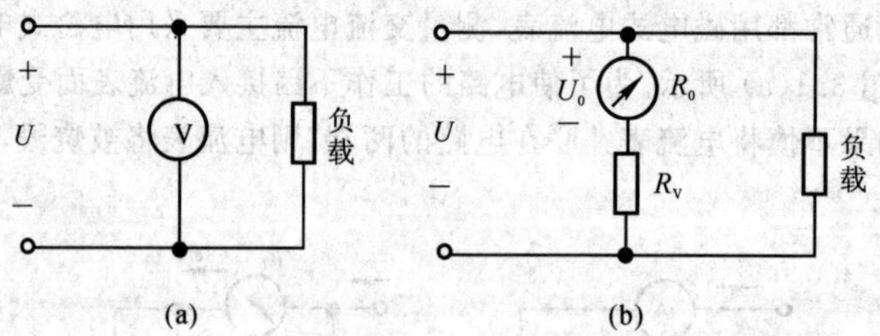

附图 3.2　电压表和倍压器

由附图 3.2(b) 可得

$$\frac{U}{U_0}=\frac{R_0+R_V}{R_0}$$

即

$$R_V=R_0\left(\frac{U}{U_0}-1\right) \qquad (附-3.2)$$

由上式可知，需要扩大的量程愈大，则倍压器的电阻应愈高。多量程电压表具有几个标有不同量程的接头，这些接头可分别与相应阻值的倍压器串联。电磁式电压表和磁电式电压表都需串联倍压器。

例 3.2　有一电压表，其量程为 50 V，内阻为 2 000 Ω。今欲使其量程扩大到 300 V，问还需串联多大电阻的倍压器？

解

$$R_V=R_0\left(\frac{U}{U_0}-1\right)=2\,000\times\left(\frac{300}{50}-1\right)=10\,000\ \Omega$$

附录 4　万用表及其使用方法

万用表可测量多种电量，虽然准确度不高，但是使用简单，携带方便，特别适用于检查线路和修理电器设备。万用表有磁电式和数字式两种。

磁电式万用表由磁电式微安级电流表、若干分流器和倍压器、半导体二极管及转换开关等组成，可以用来测量直流电流、直流电压、交流电压和电阻等。附图 4.1 是常用的 MF—30 万用表的面板图，现将各项测量电路分述如下。

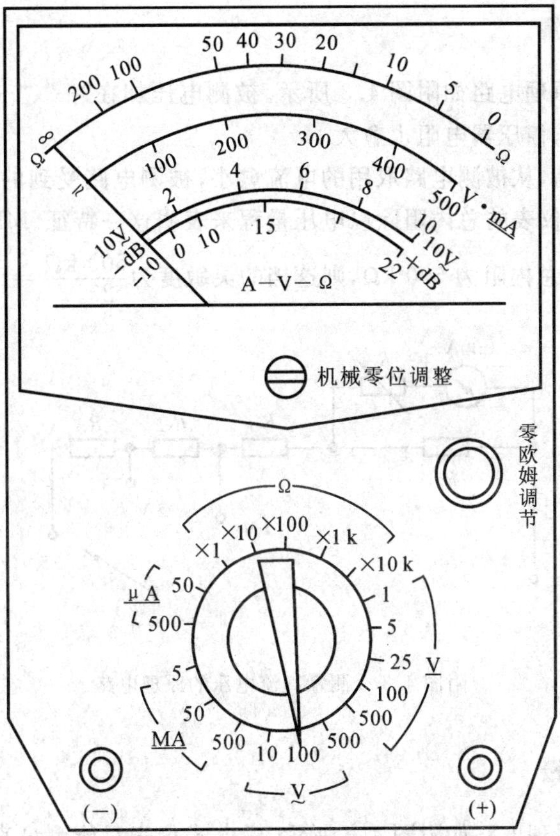

附图 4.1　MF—30 型万用表的面板图

一、直流电流的测量

测量直流电流的原理电路如附图 4.2 所示。被测电流从"+"、"−"两端进出。R_{A1}，…，R_{A5}是分流器电阻，它们和微安级电流表连成一闭合电路。改变转换开关的位置，就改变了分流器的电阻，从而也就改变了电流的量程。例如，放在 50 mA 挡时，分流器电阻为 $R_{A1}+R_{A2}$，其余则与微安级电流表串联。量程愈大，分流器电阻愈小。图中的 R 为直流调整电位器。

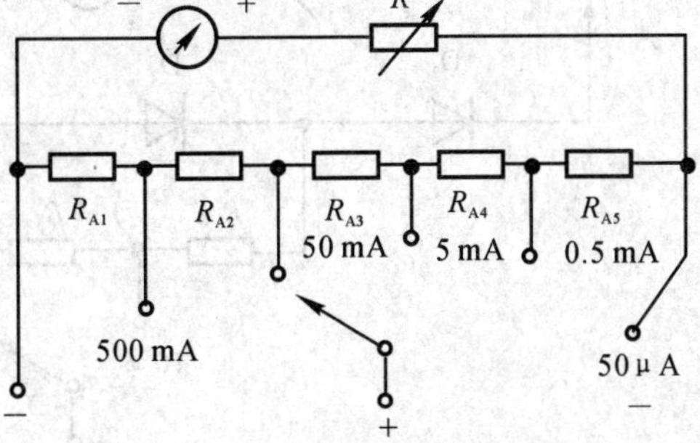

附图 4.2　测量直流电流的原理电路

二、直流电压的测量

测量直流电压的原理电路如附图 4.3 所示。被测电压加在"+"、"—" 两端。R_{V1}，R_{V2}，… 是倍压器电阻。量程愈大，倍压器电阻也愈大。

电压表的内阻愈高，从被测电路取用的电流愈小，被测电路受到的影响也愈小。可以用仪表的灵敏度，也就是用仪表的总内阻除以电压量程来表明这一特征。MF—30 型万用表在直流电压 25 V 挡时仪表的总内阻为 500 kΩ，则这挡的灵敏度为$\frac{500\ \text{k}\Omega}{25\ \text{V}}=20\ \text{k}\Omega/\text{V}$。

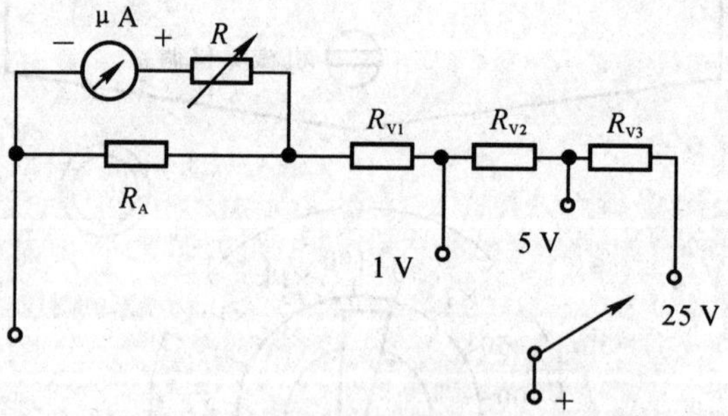

附图 4.3　测量直流电压的原理电路

三、交流电压的测量

测量交流电压的原理电路如附图 4.4 所示。磁电式仪表只能测量直流，如果要测量交流，则必须附有整流元件，即图中的半导体二极管 D_1 和 D_2。二极管只允许一个方向的电流通过，反方向的电流不能通过。被测交流电压也是加在"+"、"—" 两端。在正半周时，设电流从"+" 端流进，经二极管 D_1，部分电流经微安级电流表流出。在负半周时，电流直接经 D_2 从"+" 端流出。可见，通过微安级电流表的是半波电流，读数应为该电流的平均值。为此，表中有一交流调整电位器(图中的 600 Ω 电阻)，用来改变表盘刻度；于是，指示读数便被折换为正弦电压的有效值。至于量程的改变，则和测量直流电压时相同。R_{V1}'，R_{V2}'，… 是倍压器电阻。

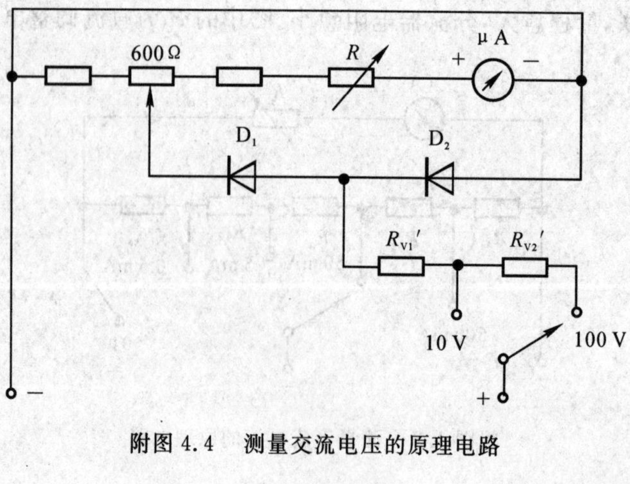

附图 4.4　测量交流电压的原理电路

万用表交流电压挡的灵敏度一般比直流电压挡的低。MF—30 型万用表交流电压挡的灵敏度为 5 kΩ/V。

普通万用表只适于测量频率为 45 ～ 1 000 Hz 的交流电压。

四、电阻的测量

测量电阻的原理电路如附图 4.5 所示。测量电阻时要接入电池，被测电阻也是接在“+”、“−”两端。被测电阻愈大，指针的偏转角就愈大。测量前应先将“+”、“−”两端短接，看指针是否偏转最大而指在零（刻度的最右处）。否则应转动零欧姆调节电位器（图中的 1.7 kΩ 电阻）进行校正。

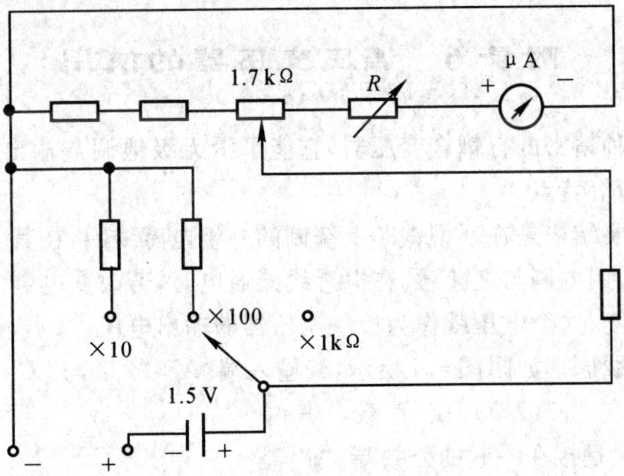

附图 4.5　测量电阻的原理电路

使用万用表时应注意转动开关的位置和量程，绝对不能在带电线路上测量电阻，用毕应将转换开关转到高电压挡。

此外，从附图 4.5 还可以看出，面板上的“+”端接在电池的负极，而“−”端是接在电池的正极的。

附录 5　双路晶体管直流稳压电源

WYJ—202 为具有两路输出的晶体管低压直流稳压电源，具有输出电压稳定、纹波小的特点，各路输出均浮地。本机装有电压表和电流表，可对各路输出进行监测。另外各路输出均具有短路保护，工作安全可靠。仪器的主要工作指标如下：

（1）输出电压范围。

1）每路 0 ～ 30 V，分为六挡连续可调；

2）两路输出各自独立。

（2）输出电流各路均为 0 ～ 2 A。

（3）电压调整率小于或等于 5×10^{-4}。

（4）动态电阻小于或等于 0.05 Ω。

（5）输出纹波电压小于或等于 0.5 mV。

(6) 保护形式为减流式自动恢复保护电路。

(7) 工作条件为交流输出时电压(220±10%)V 。

当电源的工作选择开关置于“关”时,两路输出均无输出;当选择开关置于“Ⅰ”或“Ⅱ”位置时电源方可在“Ⅰ 输出”或“Ⅱ 输出”输出彼此独立的 0 ~ 30 V 连续可调的电压。

在各路输出状态中,电源的输出电压调节部分为电压粗调和电压细调。面板上的“粗调”旋钮供电压粗调用,“细调”旋钮可在电压粗调范围内调整 5 V 电压,供使用者做精调电压用。

电源面板上有两只电表,通过开关选择使用其中一路的输出电压和电流。

电源内没有保护电路。当输出超载或短路时能使输出电流急剧减少,起保护电源的作用,使电源不至于损坏。当过载或短路排除后,电源自动恢复正常输出。

附录 6 调压变压器的使用

调压变压器是一种精密的自耦合变压器,它能平滑无级地调节输出电压,具有效率高,波形不失真,能长期运行等特点。

调压变压器的主要结构是在环型铁芯上绕制的一组电感线圈,在其上端,把漆包线的漆刮去一部分使铜线裸露,用电刷与之接触。在电感线圈通电时,若改变电刷位置,可使电刷与输入端之间的电压发生改变,这个电压就作为接触调压器的输出电压。

调压变压器的接线原理如附图 6.1 所示,其输入端“A”(“2”)与“X”(“1”)接交流 220 V 输入,输出“x”(“3”)与“a”(“4”)接负载,其中“X”(“1”)与“x”(“3”)是接在一起的公共端。“a”是滑动触点的输出端。接线时务必把公共端“X”接电源的零线,输入端“A”接电源的相线。这样当调压变压器输出调到零时,负载与零线同电位,即使人体与负载接线接触,也不会触电。

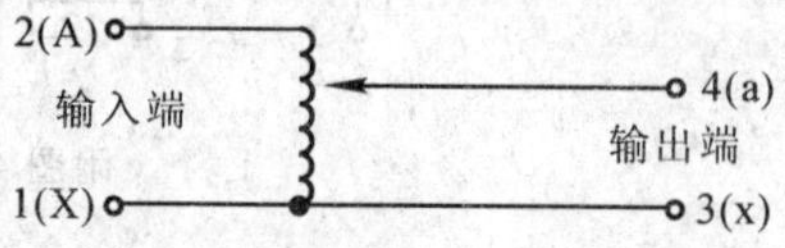

附图 6.1

接线时必须先判别电源的相线和零线(中线),要注意输入端与输出端,决不能接错。

调压变压器在使用前,应把调压器手盘逆时针方向旋转到零,即旋到输出电压为零的位置。通电以后,再平稳地把输出电压调到所需的数值,断电时应先将调压器手盘逆时针方向旋转到零,再断电。即应养成随手把调压器输出调到零的习惯。

搬动调压器时不得用手轮或旋钮,而应用提手或将整个设备提起移动,否则会产生不良后果。

附录 7 功率表的使用方法

一、功率表的接线规则

功率表也称为瓦特表。它通常有两个电流量程和三个电压量程,分别根据被测负载的电流和电压的最大值来选择。功率表是否过载,不能仅仅根据表的指针是否超过满偏来确定。因为当功率表的电流线圈没有电流时,即使电压线圈已过载而将要烧坏,功率表的读数都仍然是零;反之亦然。所以,必须保证功率表的电流线圈和电压线圈都不过载。功率表接入电路的方法如附图 7.1 所示(图例电流量程选择 1 A,电压量程选择 300 V)。

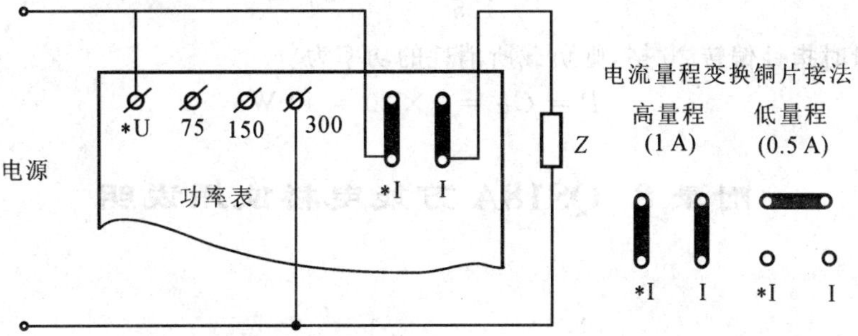

附图 7.1

表盘上标记"＊"的端钮分别称为电流线圈和电压线圈的发电机端(或对应端)。电流线圈与负载串联,其发电机端"＊I"要和电源的一端相接,电压线圈与负载并联,其发电机端"＊U"要接在和电流线圈等电位处,即接在"＊I"端或"I"端,这样才能保证两线圈的电流都从发电机端流入,使功率表指针作正向偏转。附图 7.2 所示为实验室另一功率表 D—51 型的接线方法。

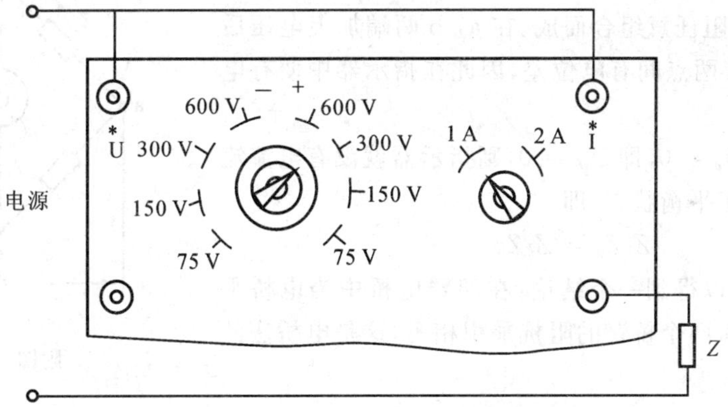

附图 7.2

二、功率表的读数方法

在多量程功率表中,刻度盘上只有一条标尺,它不标瓦特数,只标分格数。因此,功率表须按公式换算得出

$$P = C\alpha$$

式中,P 为被测功率,单位为瓦特(W);C 为电表功率常数,单位为瓦/格;α 为电表偏转格数。

普通功率表的功率常数为

$$C = \frac{U_n \times I_n}{\alpha_m}$$

式中,U_n 为电压线圈额定量程;I_n 为电流线圈额定量程;α_m 为标尺满刻度总格数。

例 7.1 D26—W 型功率表的标尺满刻度总格数为 125 格,若电压量程选择 250 V,电流量

程选择 1 A，则电表的功率常数

$$C=\frac{250\times 1}{125}=2\text{ 瓦 / 格}$$

如果测量时指针偏转 20 格，则负载所消耗的功率为

$$P=C\alpha=2\times 20=40\text{ W}$$

附录 8 QS18A 万能电桥使用说明

一、概述

QS18A 是一种使用方便的音频电桥，可测量电容、电感、电阻等元件的参数。其内部采用高频交流电源，测量精度较高。

二、工作原理

为了使操作者能更好地熟悉和使用本仪器，以四臂电桥的工作原理作一简单介绍。

附图 8.1 是四臂电桥的原理示意图，由桥臂阻抗 Z_x，Z_a，Z_b，Z_c 组成，桥臂阻抗 Z 在一般情况下是复数，也就是由电容、电感、电阻任意组合而成。在 a，b 两端加上电压后一般情况下 c，d 两点间有电位差，因此在指示器中便有电流流过。

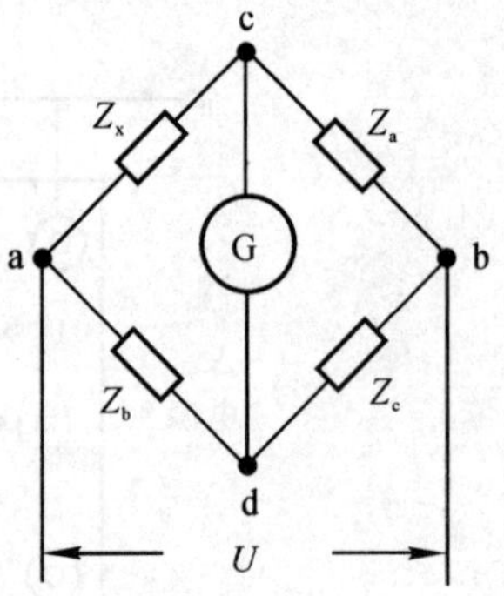

附图 8.1

若使 $U_c-U_d=0$，即 $U_{cd}=0$，则指示器就没有电流流过，此时电桥处于平衡状态。即

$$Z_xZ_c=Z_aZ_b$$

这样我们可以得到一个结论：在四臂电桥中当电桥平衡时，必须是相对两个桥臂的阻抗乘积相等，这是电桥法的基本原理。

如果桥臂中 Z_x，Z_c，Z_a，Z_b 均为电阻，那么，$R_x=\frac{R_aR_b}{R_c}$，就构成了四臂电桥，在平衡电桥时只要调节桥臂的一个参数就可使电桥平衡。

如果在电桥的两个桥臂接入电抗元件，另两个桥臂接电阻，即

$$Z_x=R_x+jX_x \qquad Z_a=R_a$$

$$Z_c=R_c \qquad Z_b=R_b+jX_b$$

根据电桥平衡条件，有

$$Z_xZ_c=Z_aZ_b$$

即

$$(R_x+jX_x)R_c=R_a(R_b+jX_b)$$

经整理，并分别使实数部分与虚数部分相等，得

$$R_x=\frac{R_aR_b}{R_c} \tag{附-8.1}$$

$$X_x=\frac{R_aX_b}{R_c} \tag{附-8.2}$$

在上面两组方程式中，由式(附-8.1)可得出被测元件的有功分量，由式(附-8.2)可得出被测元件的无功分量。因此，当桥臂接有阻抗元件的四臂电桥时，就要分别调节桥臂的两个参数才能使电桥平衡。

三、使用方法

1. 面板介绍(见附图8.2)

① 被测端钮：被测元件应直接或通过测量线接在此端钮上(测量较小的元件时，须扣除导线的残余量)。被测端钮"1"表示高电位，"2"表示低电位。

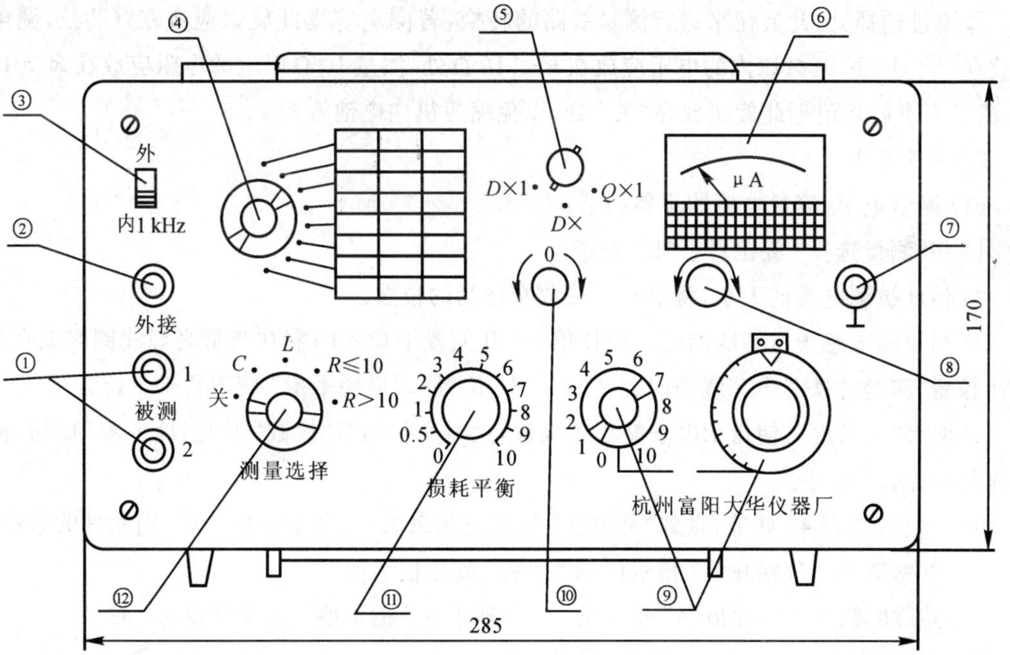

附图 8.2

② 外接插孔：此插孔的用途有：a. 在测量有极性的电容和铁芯电感时，如需要外部叠加直流偏量，可通过此插孔连接于桥体；b. 当使用外部的音频振荡器时，可通过"外接"导线连接到此插孔(此时应把拨动开关拨向"外"的位置)。

③ 拨动开关：凡使用机内1 kHz的信号，应把此开关拨向"内1 kHz"的位置；当外接插孔施加外音频信号时，应把此开关拨向"外"的位置。

④ 量程开关：用来选择量程范围，各挡标示值为电桥读数在满度时的最大值。

⑤ 损耗倍率开关：用来扩展损耗平衡的读数范围。在一般情况下，测量空心电感线圈时，此开关放在Q位置；测量一般电容(小损耗)时，开关放在$D\times0.01$位置；测量损耗值较大的电容器时放在$D\times1$位置。

⑥ 指示电表：用来作为电桥平衡指示用。在调节电桥平衡过程中，观察此指示电表的动向，应使之向"0"方向偏转，当指针最接近零点时，电桥即达到平衡状态。

⑦ 接壳端钮：此端钮与本电桥的机壳相连。

⑧ 灵敏度旋钮：用来控制电桥放大器的放大倍数，即指示电表的灵敏度，在初始调节电桥平衡时，要降低灵敏度使电表指示小于满刻度。在使用时应逐步增大灵敏度，调节电桥到最终平衡。

⑨ 读数旋钮：在调节电桥平衡时，应调节此二读数盘，第一位读数盘的步级是 0.1，第二、第三位读数由连续可变电位器指示。

⑩ 损耗平衡：被测元件的损耗读数（电容电感）由此旋钮指示，此读数盘上的指示值乘以损耗倍率开关的示值，即为损耗示值。

⑪ 损耗微调：调节损耗平衡的辅助旋钮。

⑫ 测量选择：由此旋钮来进行测量线路的转换，若测电容则此旋钮应放在"C"处，测电感应放在"L"处，测 10 Ω 以内的电阻应放在 $R \leqslant 10\ \Omega$ 处，测量 10 Ω 以上的电阻应放在 $R > 10\ \Omega$ 处，测量完毕后切记把此旋钮放在"关"处，以免缩短机内电池寿命。

2. 测量方法

(1) 测量电感。测量电感的步骤如下：

1) 将"测量选择"旋钮置于"L"处。

2) 估计被测电感的大小，将量程开关放在适当的位置。

3) 当被测电感为空心线圈时，"损耗倍率"开关置于 $Q\times1$ 挡（在测量高 Q 线圈时放在 $D\times0.01$ 位置，测叠片铁芯电感线圈时放在"$D\times1$"位置）；"损耗平衡"旋钮置于 1 位置。

4) 增大"灵敏度"，使指示电表略小于满偏，这时交替调节"读数"及"损耗平衡"旋钮，使指示电表的指示为最小。

5) 反复按步骤 4) 调节，直到"灵敏度"旋钮旋到最大时，调节电桥平衡。则元件的参数为

$$\text{电感量} = \text{“量程开关”指示值} \times \text{“读数”旋钮指示值}$$

$$\text{品质因数} = \text{“损耗倍率”指示值} \times \text{“损耗平衡”指示值} \qquad (\text{当 } Q\times1 \text{ 时})$$

$$\text{品质因数} = \frac{1}{\text{“损耗倍率”指示值} \times \text{“损耗平衡”指示值}} \qquad (\text{当 } D\times0.01 \text{ 时})$$

如果不知道被测元件的大小，可先将"读数"旋钮粗调开关放在"0"位置，"读数"微调滑线盘旋到 0.05 位置，并增大"灵敏度"旋钮，使电表指示在 30 μA 左右，然后将"量程开关"由 10 μH，100 μH 到 100 H 逐挡变换，同时观察电表动向，哪一挡电表的指示最小，"量程开关"就应放在这一挡上，然后就可以按步骤进行测量了。

(2) 测量电容。测量一般电容时，"损耗倍率"开关放在 $D\times0.01$；测大电解电容时，放在 $D\times1$。其测量方法请参阅上述电感的测量步骤。元件的参数为

$$\text{被测电容的电容量 } C_x = \text{“量程开关”指示值} \times \text{“读数”旋钮指示值}$$

$$\text{损耗值} = \text{“损耗倍率”指示值} \times \text{“损耗平衡”旋钮指示值}$$

(3) 电阻测量。当被测电阻 $R \leqslant 10\ \Omega$ 时，选择 $R \leqslant 10\ \Omega$ 挡；当 $R > 10\ \Omega$ 时，选择 $R > 10\ \Omega$ 挡。其测量方法参阅电感的测量方法，只是这时"损耗倍率"、"损耗平衡"、"损耗微调"等旋钮不再有用。元件的参数为

$$\text{被测量 } R_x = \text{“量程开关”指示值} \times \text{“读数”旋钮指示值}$$

附录 9 NY4510 型交流毫伏级电压表使用说明

一、简述

电磁式交流电压表只能测量工频正弦电压，不能测量音频电压。这是因为电磁式交流电压表的固定线圈分布电容大，电表的电阻又低，如果用它来测量音频电压，则把它接入被测通路后，将严重影响通路的工作状态，造成测量的误差。万用表的交流电压挡，一般只能测量频率为 1 kHz 的正弦交流电压。

晶体管毫伏级电压表(或真空管毫伏级电压表)是一种测量低频正弦电压的电子仪表。国产的 NY4510 型毫伏级电压表，它测量电压的有效值范围为 300 mV ～ 100 V；电压的频率范围为 5 Hz～1 MHz。又由于采用了晶体管电路作为输入极，因此有比较高的输入阻抗，对被测电路影响较小，具有宽量程、高精度和高稳定度的特点。

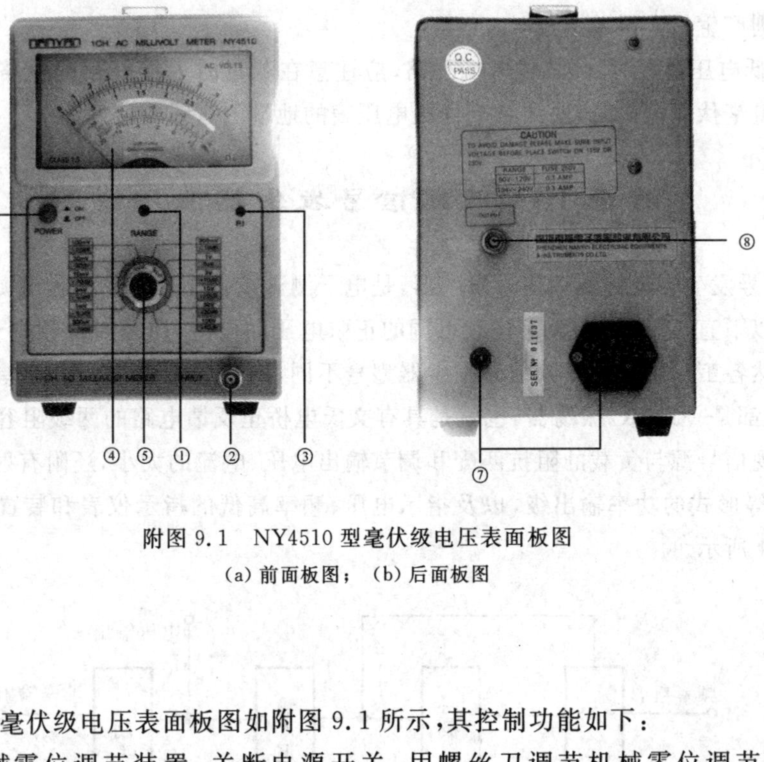

附图 9.1 NY4510 型毫伏级电压表面板图

(a) 前面板图； (b) 后面板图

二、功能

NY4510 型毫伏级电压表面板图如附图 9.1 所示，其控制功能如下：

① 指针机械零位调节装置。关断电源开关，用螺丝刀调节机械零位调节装置，使指针指零。

② 输入插座。被测电压的输入插座。

③ 电源指示灯。当电源开关开启后，指示灯亮。

④ 指示表盘。

⑤ 量程开关。这个旋钮开关用于选择满量程电压，在每个挡位，满量程电压由指针指示。

⑥ 电源开关。此开关按下后电源被打开。

⑦ 电源插座及保险。电源线插头由此插入。保险用于保护仪器过载或短路，保险丝可以更换。

⑧ 电源电压选择开关。用于选择 220 V 或 110 V 电源输入。

三、操作

(1) 开电源前，应进行机械调零，并设置量程开关到 100 V 挡。

(2) 开启电源开关。最初 5 s 左右指针有一个随意的摆动，这是正常的，约 10 s 后仪表可以使用。

(3) 被测电压通过测试线加到输入端，毫伏级电压表将指示相应的电压。如果读数小于满度的 30%，需反时针调节量程开关以逐渐减小量程。当指针指示在大于 30% 满度且小于满刻度时读数。注意，在表盘上有两个最大电压量程“1”和“3”。

四、注意事项

(1) 晶体管毫伏级电压表的标尺和交流电压表一样，是正弦电压的有效值。不能测量非正弦电压，否则产生很大误差。

(2) 在低电压量程时，严禁输入端开路，应注意在测量时先接好被测电路，否则容易损坏设备。在测量毫伏级电压时，要注意毫伏级电压表的地端测试线要接好。

附录 10　低频信号发生器使用说明

低频信号发生器也称音频信号发生器，是电子测试技术中常用的信号电源，它能提供频率在 1 MHz 以下直至 1 Hz 的大小连续可调的正弦电压和电流，用来对低频电子设备进行调试和测量。虽然各工厂生产的低频信号发生器型号不同，内部结构和功能也有差异，但它们的基本组成部分都是一只 RC 振荡器，也就是具有文氏电桥正反馈电路的两级阻容耦合放大器。此外，为了实现信号源与负载的阻抗匹配和调节输出电压、电流的大小，还附有射级(或电子管阴极)输出器等形式的功率输出级，以及指示电压、频率高低的指示仪表和装置。其原理方框图如附图 10.1 所示。

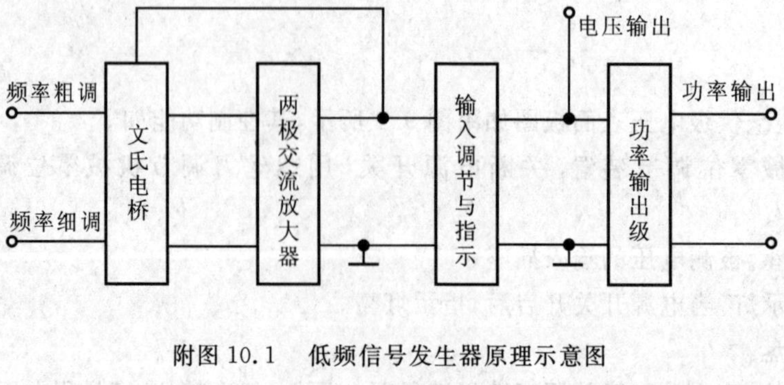

附图 10.1　低频信号发生器原理示意图

一、技术指标

1. 频率范围

由 1 Hz ～ 1 MHz 共分六个频段，由六个琴键开关更换频段，即

1 ～ 10 Hz，10 ～ 100 Hz，100 ～ 1 kHz，1 k ～ 100 kHz，100 kHz ～ 1 MHz

每个频段又有三个十进制波段开关。在段内以三位有效数字选择所需的频率，例如在 1 ～ 10 Hz 频段内，可选择最低频率 1.00 Hz，最高频率 10.99 Hz 或 11.00 Hz，或任一频率 3.86 Hz 等。

频率基本误差：除 100 kHz ～ 1 MHz 频率为 $\pm 1.5\% f_x$ 外，其余各挡均为 $\pm(1\% f_x + 0.3)$ Hz。此外信号频率还有一定的温度漂移，此处略去。

2. 输出大小

(1) 电压输出：在规定频率范围内输出电压大于 5 V(有效值)，随频率变化(即频率特性)小于 ±1 dB(分贝)。

(2) 功率输出：在 10 Hz ～ 700 kHz 范围内可用波段开关选择 50 Ω，75 Ω，150 Ω，600 Ω 四种输出阻抗与负载匹配；在 10 Hz ～ 200 kHz 范围内可选用输出电阻，其最大输出功率大于 4 W；在 5 Hz 以下功率输出级的输入端被切断，无功率输出；其余情况下(如 200 kHz ～ 1 MHz，5 kΩ 负载等)也有输出，但输出功率较小。

功率输出幅度随频率变化(频率特性)，在上述规定的输出范围内，10 Hz ～ 10 kHz 时小于 ±2 dB，100 kHz 以上时小于 ±3 dB。

3. 非线性失真度

在 20 Hz ～ 20 kHz 范围内电压输出小于 0.1%，在 20 Hz ～ 20 kHz 范围内功率输出小于 0.5%。

4. 衰减器

(1) 电压输出：1 Hz ～ 1 kHz 衰减不超过 80 dB 时误差小于 ±2 dB；衰减到 90 dB 时误差小于 ±3 dB。

(2) 功率输出：10 Hz ～ 100 kHz 衰减不超过 80 dB 时误差小于 ±2 dB；100 Hz ～ 700 kHz 衰减不超过 80 dB 时误差小于 ±3 dB；衰减到 90 dB 时误差小于 ±5 dB。

5. 交流电压表

仪表上附设一个能测量与仪器工作频率相应的正弦交流电压的交流电压表，通过开关转换可做内测、外测、测对地电压及与地无关的两端钮间平衡电压。

量程：5 V，15 V，50 V，150 V 四挡；

误差：2 Hz ～ 1 MHz 之间时小于 5%；

输入阻抗：大于 100 kΩ；

输入电容：小于 50 pF。

6. 电源及消耗功率

220 V，50 Hz，功耗小于 50 VA。

二、使用方法

本仪器是一种多功能多用途测试信号电源，使用方法如下：

(1) 开机前，应将输出细调电位器旋至最小。

(2) 将电源线接入 220 V，50 Hz 交流电源，并接通电源开关。电源开关上的指示灯及过载指示灯同时亮。待过载指示灯熄灭后，再逐步加大输出幅度。若想达到足够的频率稳定度，须预热 10 min 后再使用。

(3) 频率选择。依所需的频率按下相应的按钮开关作分选择，然后再用按键开关上方的三个频率旋钮（×1，×0.1，×0.01）按十进制的原则细调到所需频率。

(4) 输出调整。仪器有电压输出和功率输出两组旋钮，这两种输出共用一个输出衰减旋钮，使用时应注意在同一衰减位置上电压和功率的衰减分贝数是不相同的，面板上已用不同的颜色区别表示。输出细调是由同一电位器连续调节的。这两个旋钮适当配合，便可在输出端上得到所需的输出幅度。

(5) 电压级的使用。电压极最大输出 5 V。为了保持衰减器的准确性及输出波形失真不变坏（主要是在电压衰减 0 dB 时），电压输出端钮上的负载阻抗应大于 5 kΩ 以上。

(6) 功率级的使用。使用功率级时，应先将“功率开关”按下。

1) 阻抗匹配。功率级共设有 50 Ω，75 Ω，150 Ω，600 Ω 及 5 kΩ 五种负载阻值。若欲得到最大输出功率，应使负载选择在以上五种数值上，以求匹配。若做不到，一般也应使实际使用的负载值大于选择的数值，否则失真度变坏。当负载接以高阻抗时，并要求工作频率在频段两端，即接近 10 Hz 或几百 kHz 的频率时，为了满足足够的幅度，应将内负载按键按下，接通内负载，否则输出幅度会减小。

2) 保护电路。在开机时，过载保护指示灯亮，五六秒后熄灭，表示功率级进入工作状态。当输出旋钮开得过大或负载阻抗太小时，过载保护灯亮，表示过载。保护动作过几秒以后自动恢复，若此时仍过载，则灯一闪后仍继续亮。在第六挡高端的高频下，有时因功率级输出幅度过大，甚至会一直亮。此时应减小负载，使其恢复。

遇到保护指示不正常时，就不要继续开机，需进行检修以免烧毁功率管。当不使用功率级时应把功率开关按钮抬起，以免因功率级保护电路的动作影响电压输出。

3) 对称输出。功率级输出可以不接地，此时只要把功率输出端钮与地的连接片取下即可。

4) 工作频段。功率级在 10 Hz ～ 700 kHz（5 kΩ 负载挡接在 10 ～ 200 kHz）范围的输出符合技术条件的规定；在 5 ～ 10 Hz 及 700 kHz ～ 1 MHz（或与 kΩ 负载挡在 200 kHz ～ 1 MHz）范围也有输出，但功率减小；在 5 Hz 以下功率级，输入被切断，没有输出。

5) 电压表。此电压表可做“内测”与“外测”。当用做“外测”时，须将测量开关拨向“外测”。此时根据被测电压选择电压表量程。测量信号从输入电缆上输入。当测量开关拨向“内测”时，电压表指示不变，而实际输出电压却在变。这时的实际输出电压可根据表头指示与衰减分贝数计算，如附表 10.1（即实际输出电压为电压表指示除以衰减分贝相对应的电压衰减倍数）所示。

此电压表没有接地端，因此可测量不接地的输出电压。

6) 阻尼。为了减少表针在低频时的抖动,可使用阻尼开关。

附表 10.1

衰减数 /dB	电压衰减倍数
10	3.16
20	10
30	31.6
40	100
50	316
60	1 000
70	3 160
80	10 000
90	31 600

附录 11 POS9020 双踪示波器及其使用方法

POS9020 双踪示波器为便携式双通道示波器。该机垂直系统具有 0 ～ 20 MHz 的频带宽度和 5 mV/DIV ～ 5 V/DIV 的偏转灵敏度,配以 10∶1 探极,灵敏度可达 50 V/DIV。该机在全频带范围内可获得稳定触发,触发方式有常态、自动、TV 和峰值自动,尤其是峰值自动给使用带来了极大的方便。内触发设置了交替触发,可以稳定地显示两个频率不相关的信号。该机水平系统具有 0.5 s/DIV ～ 0.2 μs/DIV 的扫描速度,并设有扩展 10 倍功能,可将最快扫描速度提高到 20 ns/DIV。显示观察面为 80 mm × 100 mm,是一台全功能宽带示波器。

一、主要技术性能

1. 垂直偏转系统

偏转因数：5 mV/DIV～5 V/DIV,按 1,2,5 顺序分 10 挡

精度：±3%

微调范围：≥2.5∶1

上升时间：≤17.5 ns

带宽(−3 dB)：对于 DC,为 0～20 MHz;对于 AC,为 10 Hz～20 MHz

输入阻抗：直接：1 MΩ±3%, 25 pF±5 pF

经 10∶1 探极：10 MΩ±5%, 10 pF±2 pF

最大安全输入电压：400 V(DC+AC peak)

垂直方式：CH1, CH2, ALT, CHOP, ADD

2. 触发系统

触发系统如附表 11.1 所示。

附表　11.1

<table>
<tr><td rowspan="5">触发灵敏度</td><td rowspan="3">常态或自动方式</td><td></td><td>10 MHz</td><td>20 MHz</td></tr>
<tr><td>内</td><td>10 DIV</td><td>1.5 DIV</td></tr>
<tr><td>外</td><td>0.3 V</td><td>0.5 V</td></tr>
<tr><td rowspan="2"></td><td>内</td><td colspan="2">2 DIV</td></tr>
<tr><td>外</td><td colspan="2">0.5 DIV</td></tr>
<tr><td colspan="3">自动方式下限频率</td><td colspan="2">20 Hz</td></tr>
<tr><td colspan="3">外触发输入阻抗</td><td colspan="2">1 MΩ，　20 pF</td></tr>
<tr><td colspan="3">外触发输入最大安全电压</td><td colspan="2">160 V(DC＋AC　peak)</td></tr>
<tr><td colspan="3">触发源选择</td><td colspan="2">内,外,电源</td></tr>
<tr><td colspan="3">内触发源选择</td><td colspan="2">CH1，VERT MODE，CH2</td></tr>
<tr><td colspan="3">触发方式</td><td colspan="2">常态、自动、TV、峰值自动</td></tr>
</table>

3. 水平偏转系统

扫描时间因数：0.5 s/DIV～0.2 μs/DIV，按 1，2，5 顺序分 20 挡，扩展 X10 挡最快扫描速度达 20 ns/DIV

精度：“×1”挡为±3%，“×10”挡为±8%

微调范围：≥2.5∶1

4. 校正信号

波形：对称方波

幅度：(0.5±2%) V

频率：(1±2%) kHz

5. 电源

电压范围：(220±10%) V

频率：(50±2) Hz

最大功耗：40 W

6. 环境条件

工作温度：0～40°C

工作湿度：90% (40°C)

工作高度：5 000 m

二、面板功能及操作说明

示波器面板如附图 11.1 所示。

面板控制件作用见附表 11.2。

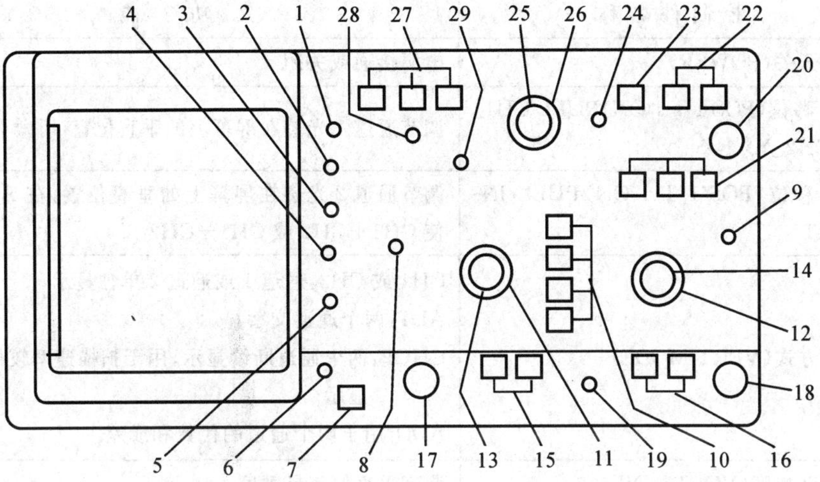

(a)

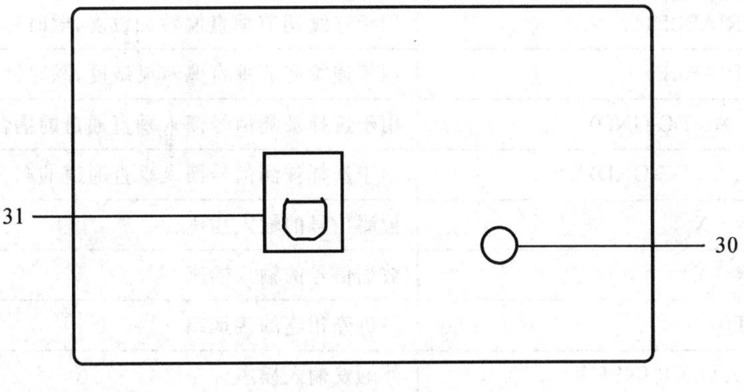

(b)

附图 11.1　示波器面板示意图

(a)前面板控制件位置图；(b)后面板控制件位置图

附表　11.2

序号	控制件名称	功　能
1	亮度(INTEN)	调节光迹的亮度
2	辅助聚焦(ASTIG)	与聚焦配合,调节光迹清晰度
3	聚焦(FOCUS)	调节光迹的清晰度
4	迹线旋转(ROTATION)	调节光迹与水平刻度线平行
5	校正信号(CAL)	提供幅度为 0.5 V,频率为 1 kHz 的方波信号用于校正 10∶1 探极的补偿电容器,检测示波器垂直与水平的偏转因数
6	电源指示(POWER INDICATION)	电源接通时,灯亮

续 表

序号	控制件名称	功能
7	电源开关(POWER)	电源接通或关闭
8	CH1 移位(POS 1 T 1 ON)PULL CH1_X, CH2_Y)	调节通道 1 光迹在屏幕上的垂直位置，用做 X-Y 显示
9	CH2 移位(POS 1 T 1 ON)PULL INVERT	调节通道 2 光迹在屏幕上的垂直位置，在 ADD 方式时使 CH1+CH2 或 CH1－CH2
10	垂直方式(VERT MODE)	CH1 或 CH2：通道 1 或通道 2 单独显示 ALT：两个通道交替显示 CHOP：两个通道断续显示，用于扫描速率较慢时的双踪显示 ADD：用于两个通道的代数和或差
11	垂直衰减度(VOLTS/DIV)	调节垂直偏转灵敏度
12	垂直衰减度(VOLTS/DIV)	调节垂直偏转灵敏度
13	微调(VARIABLE)	用于连续调节垂直偏转灵敏度，顺时针旋足为校正位置
14	微调(VARIABLE)	用于连续调节垂直偏转灵敏度，顺时针旋足为校正位置
15	耦合方式(AC-DC-GND)	用于选择被测信号馈入垂直通道的耦合方式
16	耦合方式(AC-DC-GND)	用于选择被测信号馈入垂直通道的耦合方式
17	CH1 OR X	被测信号的输入插座
18	CH2 OR Y	被测信号的输入插座
19	接地(GND)	与机壳相连的接地端
20	外触发输入(EXT INPUT)	外触发输入插座
21	内触发源(INT TRIG SOURCE)	用于选择 CH1，CH2 或交替触发
22	触发源选择(TRIG SOURCE)	用于选择触发源为 INT(内)、EXT(外)或 LINE(电源)
23	触发极性(SLOPE)	用于选择信号的上升或下降沿触发扫描
24	电平(LEVEL)	用于调节被测信号在某一电平触发扫描
25	微调(VARIABLE)	用于连续调节扫描速度，顺时针旋足为校正位置
26	扫描速率(SEC/DIV)	用于调节扫描速度
27	触发方式(TRIG MODE)	常态(NORM)：无信号时，屏幕上无显示；有信号时，与电平控制配合显示稳定波形 自动(AUTO)：无信号时，屏幕上显示光迹；有信号时，与电平控制配合显示稳定波形 电视场(TV)：用于显示电视场信号峰值 (P-P AUTO)：无信号时，屏幕上显示光迹；有信号时，无须调节电平即能获得显示稳定波形

续 表

序号	控制件名称	功 能
28	触发指示(TRIG′D)	在触发扫描时,指示灯亮
29	水平移位(POSITION) PULLx10	调节迹线在屏幕上的水平位置 拉出时扫描速度被扩展 10 倍
30	Z 轴输入(Z INPUT)	亮度调制信号输入插座
31	电源插座及保险丝座	220 V 电源插座,保险丝为 0.5 A

三、使用方法

为了能够进行准确的测量,测量前必须对示波器进行检查,具体操作步骤如下:

(1)按附表 11.3 设置好开关及控制旋钮,然后打开电源开关,电源指示灯亮,稍候预热,屏幕上出现光迹。如没有,再按附表 11.3 检查各开关及控制旋钮设定位置。

附表 11.3

控制件名称	作用位置	控制件名称	作用位置
亮度(INTEN)	居中	触发方式	峰值自动
聚焦(FOCUS)	居中	扫描速率(SEC/DIV)	0.5 ms
位移(CH1, CH2, X)	居中	极性(SLOPE)	正
垂直方式(MODE)	CH1	触发源	INT
VOLTS/DIV	10 mV	内触发源	CH1
微调(VARIABLE)	校正位置	输入耦合	AC

(2)分别调节亮度、聚焦、辅助聚焦、迹线旋转,使光迹清晰并与水平刻度平行。

(3)用 10∶1 探极将校正信号输入至 CH1 输入插座。

(4)调节 CH1 移位与 X 移位,在示波器屏幕上将出现方波信号,说明示波器工作正常。

(5)将探极换至 CH2 输入插座,垂直方式置于“CH2”,内触发源置于“CH2”,重复(4)操作,得到同样的方波。

其他具体测量方法见第 1 章 1.4 节“电子示波器和信号发生器的使用”。

附录 12 EEL—2 型电工电子实验台简介

EEL—2 型电工电子实验台适用于高等院校本、专科“电路理论基础”、“电工学”等课程中有关电路理论内容的实验教学。该实验台由主控制屏、实验台和若干个实验挂箱组合而成,整体结构如附图 12.1 所示。

主控制屏正面分为四个功能区,如附图 12.2 所示。

1. 电源部分

A 区为电源部分,提供三相 0~430 V/3 A 连续可调的交流电源,同时可提供 0~250 V/3 A可调电源。配有三个指针式交流电压表,通过开关切换,可在电压表上指示三相电网电压和三相调压器的输出电压。

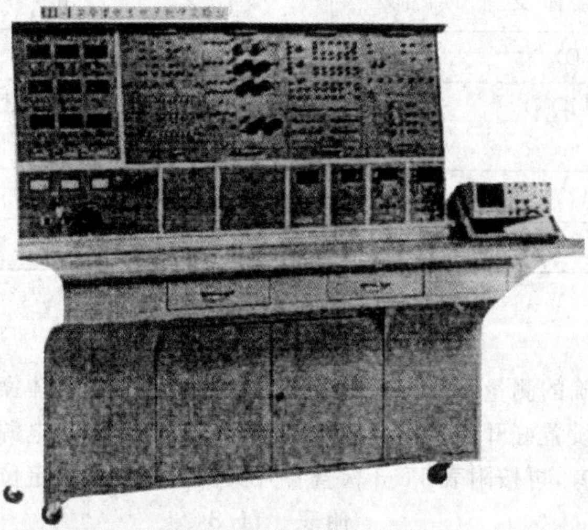

附图 12.1　EEL—2 型电工电子实验台

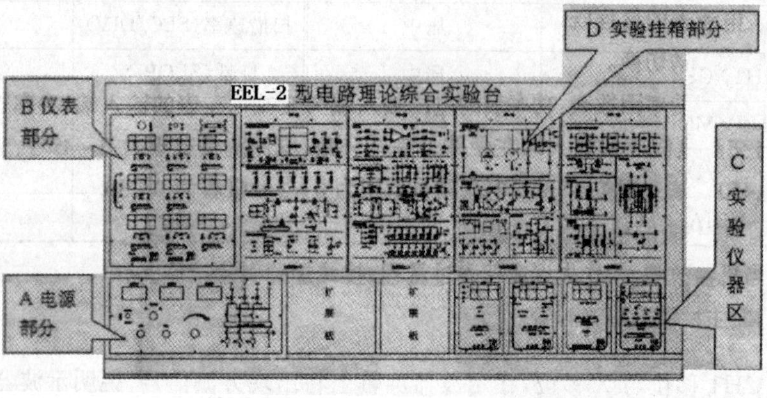

附图 12.2　EEL—2 型电工电子实验台主控制屏

实验用三相电源是经过隔离变压器后输出的，因此，当学生在实验中不小心单手碰到某一相电源时，由于不形成电气回路，所以不会发生触电事故。但当双手分别接触到两根电源线时，是很危险的，应该特别注意。

2. 仪表部分

B 区为仪表部分，配置有一个交流电压表、一个交流电流表、一个功率表及功率因数表、一个直流电压表、一个直流电流表、一个直流毫安级电流表。均为数显仪表，精度为 0.5 级，四位浮点显示。

电压表、电流表的量程既可由手动切换，也可设置为自动切换。

功率表的测量和接线方法参见附录有关功率表部分，精度为 1.0 级。

此外，当机器故障，操作失误或仪表过量程，接线短路引起过流、漏电的现象发生时，主控制屏将切断主回路并声光报警。

3. 实验仪器部分

C 区为实验仪器部分,此部分有恒压源、恒流源、信号源、毫伏级电压表等仪器。

恒压源(见附图 12.3)共有两路输出:一路为可调稳压电源,0~30 V 连续可调;另一路为 6 V/12 V 可选稳压输出。最大输出电流为 0.5 A。三位半数字显示,通过开关切换可显示 6 V,12 V 及 0~30 V电压输出。具有短路保护和自动恢复功能。

可调恒流源(见附图 12.4)为三位半数显电流源。输出电流分 1 mA, 100 mA, 500 mA 三挡调节,0~500 mA 连续调节。具有开路保护功能。

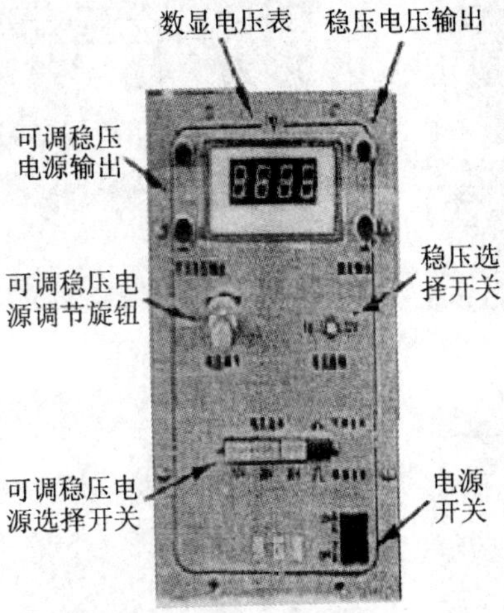

附图 12.3 恒压源

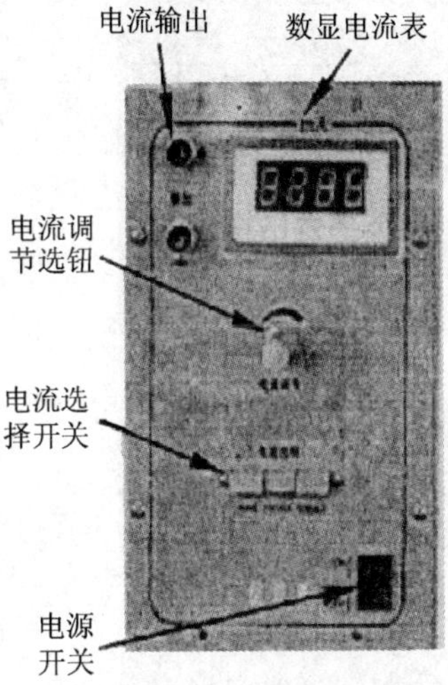

附图 12.4 恒流源

信号源(见附图 12.5)可输出方波、正弦波、三角波等。输出经过功率放大,且具有稳幅功能。

数字毫伏级电压表(见附图 12.6)测量范围为 0~200 V,量程分 200 mV, 2 V, 20 V, 200 V 四挡。频率范围为 5 Hz~500 kHz,三位半数字式显示,直键开关切换。

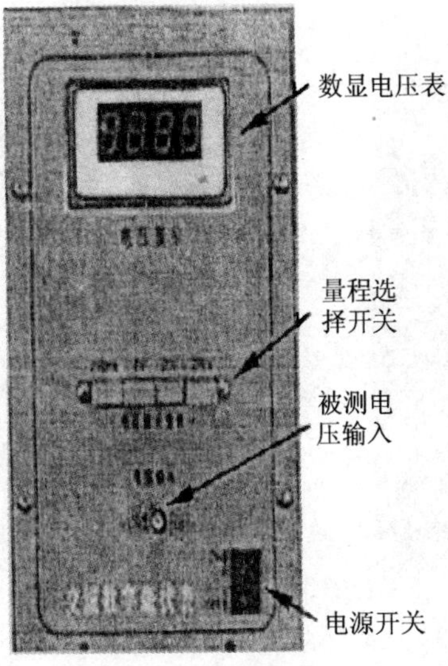

附图 12.5 信号源

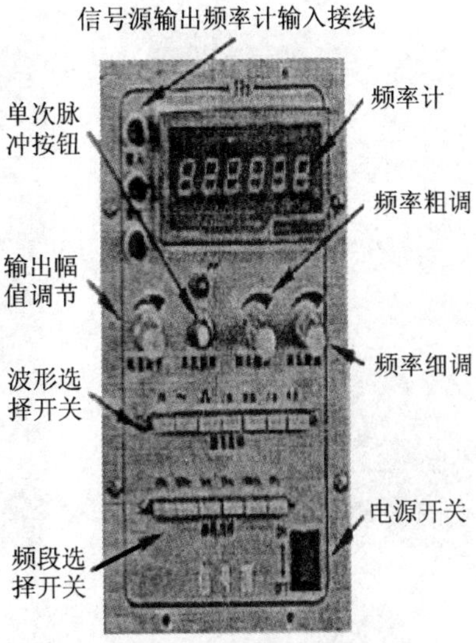

附图 12.6 数字毫伏级电压表

4. 实验挂箱部分

D区为实验挂箱区。本实验台已开发出如附图12.7所示的九个挂箱，与A,B,C区的设备仪器配合基本上可进行本书介绍的电路实验。

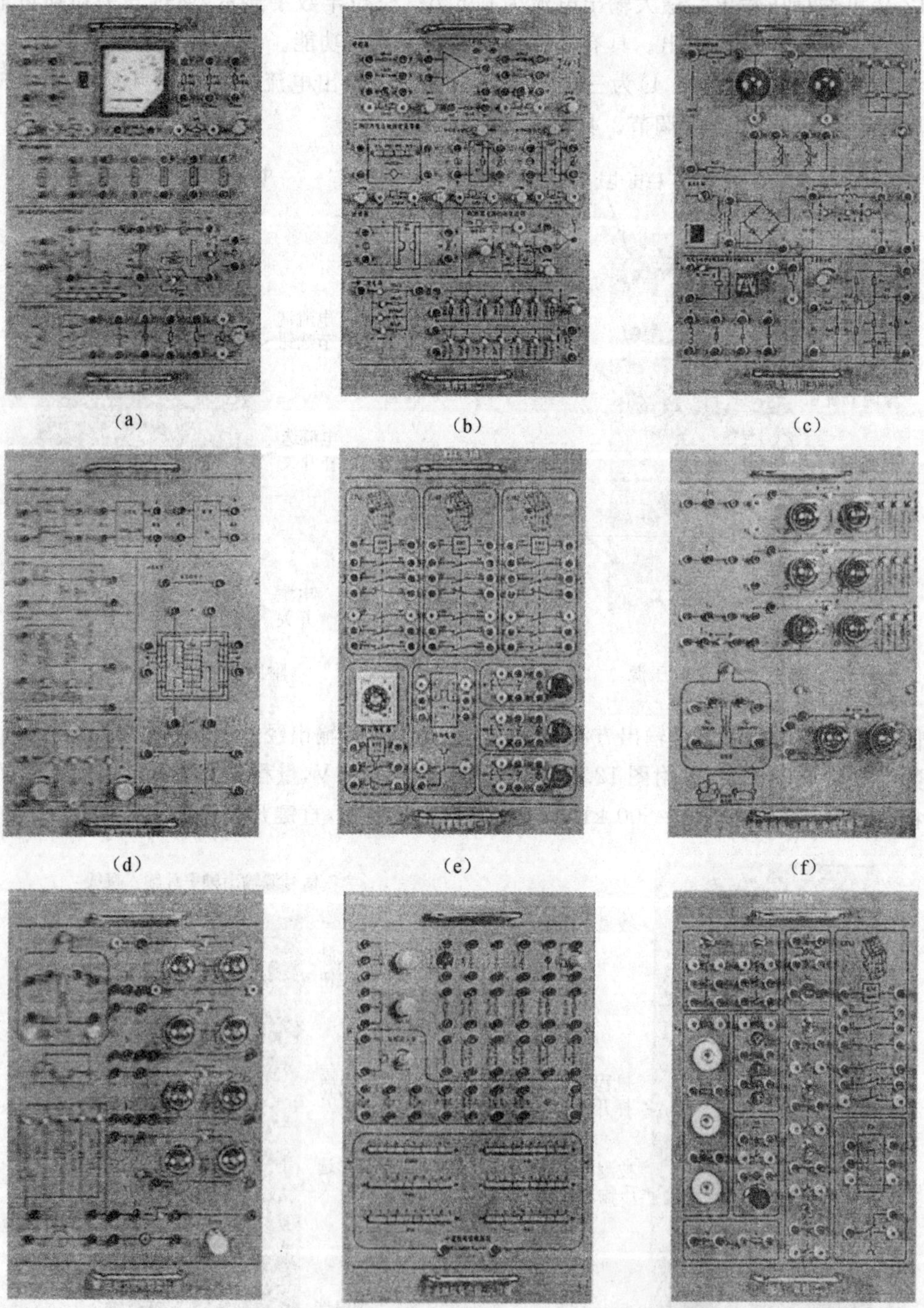

附图12.7 实验挂箱